ARTHUR LINDER

—

PLANEN UND AUSWERTEN VON VERSUCHEN

REIHE DER EXPERIMENTELLEN BIOLOGIE

BAND 13

LEHRBÜCHER UND MONOGRAPHIEN

AUS DEM GEBIETE DER EXAKTEN WISSENSCHAFTEN

PLANEN UND AUSWERTEN VON VERSUCHEN

EINE EINFÜHRUNG FÜR NATURWISSENSCHAFTER, MEDIZINER UND INGENIEURE

von

ARTHUR LINDER

Professor für mathematische Statistik an der Universität Genf
und an der Eidgenössischen Technischen Hochschule Zürich

ZWEITE, UNVERÄNDERTE AUFLAGE

1959

Springer Basel AG

ISBN 978-3-0348-4043-9   ISBN 978-3-0348-4115-3 (eBook)
DOI 10.1007/978-3-0348-4115-3

VORWORT

Immer mehr verbreitet sich die Überzeugung, daß die zahlenmäßigen Ergebnisse von Beobachtungen und Versuchen mit Hilfe mathematisch-statistischer Verfahren beurteilt werden müssen. Nur so läßt sich das Risiko von Fehlschlüssen auf ein Mindestmaß herabsetzen. In den letzten dreißig Jahren hat sich indessen unaufhaltsam eine weitere Erkenntnis durchgesetzt: Der Plan des Versuches bestimmt die Ergiebigkeit und die Güte der Ergebnisse! Wenn bei der Anlage des Versuchsplanes gewisse statistische Grundsätze unberücksichtigt bleiben, wird der Versuch weniger genaue, oder gar überhaupt fehlerhafte Ergebnisse vermitteln. Bei gleichem Aufwand liefern richtig geplante Versuche mehr und genauere Aufschlüsse. Die Anwendung der genannten Grundsätze rechtfertigt sich nicht nur aus wissenschaftlichen, sondern auch aus wirtschaftlichen Gründen.

Obschon das *Planen von Versuchen*, wie dieses Gebiet der neueren Statistik genannt wird, von großer grundsätzlicher Bedeutung und von erheblichem praktischem Wert ist, bestehen darüber noch wenige zusammenfassende Darstellungen. Als erstes ist das grundlegende Werk von RONALD A. FISHER „The design of experiments" zu nennen, in welchem in tiefgründiger Art dieses neue Wissensgebiet erstmals bearbeitet wurde. Ein Teilgebiet wurde von F. YATES (The design and analysis of factorial experiments) monographisch dargestellt. Yates hat neben Fisher am meisten zur Entdeckung neuer Versuchspläne beigetragen. Die im Literaturverzeichnis erwähnten Bücher von H. B. MANN und von O. KEMPTHORNE wenden sich an den Fachmann der Statistik. Demgegenüber schrieb J. WISHART eine kurze Einführung mit Anwendungen aus dem landwirtschaftlichen Versuchswesen. Für den Versuchsansteller gedacht ist auch das umfassende und gründliche „Experimental designs" von COCHRAN und COX, sowie „The design and analysis of experiment" von M. H. QUENOUILLE.

Angesichts der Wichtigkeit des Gegenstandes schien es mir geboten, eine Einführung herauszugeben, in der das Schwergewicht auf die grundlegenden Gedankengänge und auf die einfacheren Versuchspläne gelegt wird. Die Beschränkung auf die einfacheren Pläne durfte unbedenklich in Kauf genommen werden, da in den weitaus meisten Anwendungen nur die im vorliegenden Buche erörterten Verfahren benötigt werden. Diese Einführung richtet sich an Naturwissenschafter, Mediziner und Ingenieure; sie setzt keine Kenntnisse in mathematischer Statistik voraus. Der Leser wird angeleitet, Versuche richtig zu planen und einwandfrei auszuwerten. Die gründlich durchgearbeiteten

Anwendungsbeispiele aus der biologischen, medizinischen, industriellen und landwirtschaftlichen Forschung bilden einen wichtigen Bestandteil des Buches. Dem Leser wird angelegentlich empfohlen, die Beispiele bis in alle Einzelheiten durchzurechnen; dies trägt erfahrungsgemäß wesentlich zum Verständnis der Grundsätze und Verfahren bei.

Wegleitend für die Auswahl und Anordnung des Stoffes waren die Erfahrungen, die ich aus Vorlesungen für Naturwissenschafter, Mediziner und Ingenieure schöpfte, zunächst seit 1938 an der Universität Bern, später an der Eidgenössischen Technischen Hochschule in Zürich und an der Universität Genf.

Für die Überlassung der Ergebnisse von Versuchen sage ich den folgenden Herren herzlichen Dank: Dr. Ch. Auer, Dipl. Forsting., Kantonsforstinspektorat, Chur; Dr. J. B. Bourquin, Augenklinik der Universität, Genf; Prof. Dr. A. Franceschetti, Augenklinik der Universität, Genf; E. R. Keller, Dipl. Ing. agr., Institut für Pflanzenbau, ETH, Zürich; A. Kleiner, Dipl. Ing., Gebrüder Sulzer A.G., Winterthur; H. L. LeRoy, Dipl. Ing. agr., Institut für Tierzucht, ETH, Zürich; Prof. Dr. H. Lörtscher, Institut für Tierzucht, ETH, Zürich; H. Märki, Dipl. Ing. agr., Arbeitsgemeinschaft zur Förderung des Futterbaues, Zürich-Oerlikon; Dr. Cl. Pétitpierre, Priv.-Doz., Physiologisches Institut der Universität, Lausanne; G. Popow, Dipl. Ing. agr., Eidgenössische landwirtschaftl. Versuchsanstalt, Zürich-Oerlikon; H. Streuli, Chemiker, Chocoladefabriken Lindt & Sprüngli A.G., Kilchberg-Zürich; Dr. K. Wuhrmann, Eidgenössische Anstalt für Wasserversorgung, Abwasserreinigung und Gewässerschutz, Biologische Abteilung, Zürich; Dr. J. Zehnder, Dipl. Forsting., Eidgenössische Anstalt für das forstliche Versuchswesen, Abteilung für Arbeitstechnik, Zürich.

Genf, Laboratorium für mathematische Statistik
an der Universität, im August 1953

Arthur Linder

INHALTSVERZEICHNIS

0 GRUNDSÄTZE FÜR DAS PLANEN VON VERSUCHEN

01 Versuche und statistische Verfahren

Im Versuch verändern wir eine oder mehrere der Ursachen entsprechend der Versuchsfrage in bestimmter Weise; dadurch unterscheidet sich der Versuch von der bloßen Beobachtung. Wir wählen etwa verschiedene Wassertemperaturen und verschiedene Gehalte an Sauerstoff um den Einfluß dieser beiden Ursachen auf die Lebensdauer von Fischen zu untersuchen. Dadurch erhält der Versuch einen bestimmten *Plan*.

Wenn dagegen etwa ein Meteorologe den Verlauf der Temperatur untersucht, bleibt er ohne jeden Einfluß auf das Geschehen. Allerdings können und müssen wir sogar oft auch bei Beobachtungen nach einem Plan vorgehen, etwa indem wir die Temperaturen immer zu drei bestimmten Zeiten im Verlaufe eines Tages ablesen. Der Plan entsteht hier also, weil wir nur eine *Stichprobe* aus allen möglichen Beobachtungen auswählen, ohne aber irgendwie die Ursachen des Geschehens zu berühren.

Obschon also zwischen Versuch und Beobachtung ein grundsätzlicher Unterschied besteht, können doch die Verfahren, die beim Planen von Versuchen angewandt werden, auch beim Planen von Beobachtungen benützt werden, wie dies insbesondere durch die Untersuchungen von P. C. MAHALANOBIS über die Stichprobenerhebungen erwiesen wurde.

Fragen wir nun, weshalb die mathematische Statistik bei der Beurteilung von Versuchsergebnissen und sogar – was ja das eigentliche Anliegen dieses Buches ist – beim Planen der Versuche eine Rolle spielen soll, so muß man sich zunächst darüber im klaren sein, daß eine *objektive* Beurteilung von Versuchsergebnissen ohne die statistischen Prüfverfahren nicht denkbar ist. Man kann beispielsweise die Ergebnisse von Sorten- oder Düngungsversuchen beurteilen, indem man die beobachteten Werte in eine Figur einträgt und zwischen den so erhaltenen Punkten von Auge und mit freier Hand eine Kurve hindurchlegt. Ein derartiges Verfahren kann nicht objektiv genannt werden, weil jedesmal ein anderes Ergebnis herauskommen kann.

Will man die subjektive Beurteilung von Versuchsergebnissen nach Möglichkeit vermeiden, so wird man unweigerlich auf die Anwendung mathematisch-statistischer Verfahren geführt. Dies regt aber weiter dazu an, schon beim Planen des Versuches darauf zu achten, daß sich die Auswertung möglichst einfach und zweckmäßig gestalten läßt. Wie wir zeigen werden, bedeutet dies aber gleichzeitig, daß der richtig geplante Versuch uns bei festem, gegebenem Aufwand ein Höchstmaß an Aufschlüssen zu liefern vermag.

Wenn ein Versuch nach den Grundsätzen der mathematischen Statistik geplant und ausgewertet wird, bedeutet dies keineswegs, daß der Naturwissenschafter, der Mediziner oder der Ingenieur bei der Beurteilung der Ergebnisse oder beim Planen des Versuches in die Rolle des Zuschauers gedrängt würde. Im Gegenteil, dem Forscher wird ein Werkzeug in die Hand gegeben, das ihm gestattet, in bisher ungeahnter Weise seine Ideen bis in ihre letzten Verästelungen dem Prüfstein einwandfreier Versuche zu unterwerfen. Statistisches Planen und Auswerten von Versuchen haben das Fachwissen nie gehemmt, sie können es nur fördern, indem sie dem Fachmann helfen, genauere und allgemeingültigere Schlüsse zu ziehen.

Wenn im folgenden von Versuchen die Rede ist, handelt es sich immer um solche, die zu zahlenmäßigen Ergebnissen führen. Manche Versuche sollen lediglich qualitative Aufschlüsse vermitteln; dementsprechend denkt man auch nicht an eine eigentliche statistische Auswertung. Trotzdem dürfte es auch bei derartigen Versuchen wertvoll sein, sich der Grundsätze zu erinnern, die hier erörtert werden sollen.

02 Drei Grundsätze

Die drei Grundsätze, die beim Planen von Versuchen zu beachten sind, werden wir an Hand eines *Beispiels* besprechen. Gleichzeitig werden wir die Gelegenheit benützen, um einige Begriffe und Bezeichnungen einzuführen.

Da wir vielfach Beispiele zur Veranschaulichung heranziehen werden, sei dem Leser schon hier nachdrücklich empfohlen, die Beispiele nur als solche zu betrachten. Er wird gut tun, die Überlegungen jeweilen „in die ihm zusagende Tonart zu transponieren", das heißt, sich die Verfahren an einem ihm näher vertrauten Gegenstand zu verdeutlichen.

Nehmen wir an, wir hätten einen Versuch zu planen, der auf die folgende Frage Antwort geben soll: Unterscheiden sich vier Dünger in ihrer Wirkung auf Waldbäume, und sind sie überhaupt von Einfluß, verglichen mit fehlender Düngung?

Der zweite Teil der Frage ist zu beachten. In der Tat wird ab und zu vergessen, eine sogenannte „Kontrolle" vorzusehen, mit dem Ergebnis, daß dann nicht bekannt ist, ob die Düngung an sich überhaupt eine Wirkung ausübt, und ob diese fördernd oder hemmend ist.

Bevor wir an die Hauptfrage herangehen, wollen wir noch einige Vorfragen abklären. In erster Linie ist festzulegen, wie die Wirkung gemessen werden soll. Es sind verschiedene Möglichkeiten vorhanden, zum Beispiel wäre denkbar, die Wirkung durch die Zunahme des Holzvolumens zu messen. Wir wollen demgegenüber absichtlich vereinfachend annehmen, daß der Zuwachs des Brusthöhendurchmessers (im Zeitraum von drei Jahren) als maßgebend anzusehen sei. Man könnte aber auch zwei oder drei Maße als kennzeichnend betrachten, etwa Baumhöhe und Brusthöhendurchmesser. Um die Düngerwirkungen umfassender beurteilen zu können, wird man in einem wirklichen Versuche ohnehin außer den maßgebenden Messungen noch weitere Beobachtungen durchführen.

Für das Beispiel haben wir demnach den Zuwachs des Brusthöhendurchmessers als maßgebend gewählt; also eine meßbare, kontinuierlich veränderliche Größe. In anderen Fällen kann das Versuchsergebnis durch ganze Zahlen ausgedrückt werden, so etwa, wenn die Zahl der Engerlinge gezählt wird, die bei verschiedenen Behandlungen in verschiedenen Parzellen nach einer bestimmten Zeit noch leben.

Zum vorneherein muß auch entschieden werden, wie die Düngung auszuführen ist. Möglicherweise kann es als wünschbar erscheinen, die Düngung auf verschiedene Arten, oder zu verschiedener Zeit, oder mit verschiedenen Mengen vorzunehmen. Wie der Versuchsplan in derartigen Fällen zu gestalten ist, wird im Kapitel 4 ausgeführt. Für unser Beispiel wollen wir annehmen, daß die Düngung mit den vier Düngern auf gleiche Art, zu gleicher Zeit und in gleicher Menge erfolgt.

Weiter wollen wir annehmen, und diese wichtige Voraussetzung werden wir immer machen, daß dem Forscher nicht unbeschränkt Mittel zur Verfügung stehen. Wir verfügen über eine bestimmte Menge Versuchsmaterial, eine bestimmte Zahl von Arbeitskräften, eine bestimmte Zeitspanne, und in diesem Rahmen soll die Versuchsfrage so gut als möglich beantwortet werden.

Wir werden später auf die oben gestellte allgemeine Frage zurückkommen; der Einfachheit halber befassen wir uns aber zunächst mit einer leichter zu überblickenden, indem wir besprechen, wie der Unterschied zwischen *zwei* Düngerarten *A* und *B* untersucht werden könne. Um über eine allgemeine Bezeichnung zu verfügen, werden wir die beiden Dünger als die beiden im Versuch zu vergleichenden *Verfahren* bezeichnen.

021 *Wiederholen*

Der einfachste Versuchsplan, den man sich denken kann, besteht darin, einen Baum nicht zu düngen (Verfahren *A*) und einen Baum zu düngen (Verfahren *B*). Nach drei Jahren Versuchsdauer ergebe sich eine Zunahme des Brusthöhendurchmessers um a cm für den nicht gedüngten Baum und von b cm für den gedüngten Baum. Wir wollen voraussetzen, diese Größen könnten ohne Fehler ermittelt werden, was in Wirklichkeit ja nicht zutrifft.

Dieser Plan und das Versuchsergebnis können schematisch wie folgt dargestellt werden:

Verfahren	*Versuchseinheiten*	*Zuwachs in 3 Jahren*
A (ohne Dünger)	1 Baum	a cm
B (mit Dünger *B*)	1 Baum	b cm

Angenommen, es sei a kleiner als b. Darf man daraus schließen, die Düngung hätte den Zuwachs erhöht? Eine solche Schlußfolgerung wäre zum mindesten voreilig. In der Tat ist bekannt, daß zwischen zwei Bäumen auch dann Unterschiede im Zuwachs bestehen, wenn beide unter den gleichen äußeren Bedingungen stehen. Man wird daher erst dann von einem Einfluß der Düngung sprechen dürfen, wenn der Unterschied $b - a$ so groß ist, daß er nicht nur als einfacher Wachstumsunterschied angesehen werden kann, wie er zwischen zwei ungedüngten Bäumen natürlicherweise auch vorkommt.

Die Unterschiede, die zwischen Bäumen vorkommen können, die alle nicht gedüngt wurden, bezeichnet man allgemein als den *Versuchsfehler*, eine etwas unglückliche Bezeichnung, da die natürlichen Wachstumsunterschiede doch schwerlich als „Fehler" angesehen werden können; zweckmäßiger wäre wohl die Bezeichnung Versuchsstreuung. Man wird also den Unterschied $b - a$ auf irgendwelche Art mit dem Versuchsfehler vergleichen müssen. Darüber wird im einzelnen der Abschnitt 03 Aufschluß geben.

Wie kann man den Versuchsfehler ermitteln? Man kann zunächst daran denken, dazu Beobachtungen zu benützen, die bereits zur Verfügung stehen. Man könnte demnach frühere Zuwachsmessungen daraufhin untersuchen, wie groß die Unterschiede zwischen verschiedenen Bäumen sind. Das große Hindernis besteht darin, daß diese Ergebnisse sich wohl kaum ohne weiteres auf unseren Versuch übertragen lassen. An Gründen, die gegen eine derartige Übertragung sprechen, fehlt es nicht. Wollte man die Zuwachsverhältnisse der beiden im Versuch stehenden Bäume aus früheren Jahren benützen, so müßte man einwenden, daß das Wachstum sich mit dem Alter ändert, und daß die beiden Bäume früher unter möglicherweise gänzlich verschiedenen Wachstumsbedingungen (z. B. hinsichtlich Niederschlag, Temperatur usw.) standen. Wenn man dagegen die Zuwachsverhältnisse von anderen Bäumen der Fehlerbestimmung zugrundelegen wollte, so müßte man einwenden, daß diese zweifellos ebenfalls unter anderen klimatischen Bedingungen aufwuchsen und daher nicht einen geeigneten Vergleichsmaßstab abgeben würden, ganz abgesehen davon, daß auch ein verschiedener Standort die Streuung beeinflussen kann.

Aus diesen Überlegungen folgt, daß es in der Regel nicht angezeigt ist, sich für die Ermittlung des Versuchsfehlers auf frühere Angaben zu stützen; man wird daher den Versuch so anlegen müssen, daß er gleichzeitig – in unserem Falle also an denselben Bäumen – auch den Versuchsfehler zu bestimmen erlaubt. Dies ist nur möglich, wenn wir für jedes Verfahren mehr als einen Baum in den Versuch einbeziehen; das heißt, wir müssen die beiden Verfahren auf mehreren Versuchseinheiten (Bäumen) *wiederholen.*

Grundsatz I. Um den Versuchsfehler zuverlässig bestimmen zu können, müssen die Verfahren über mehrere Versuchseinheiten wiederholt werden.

022 *Zufällig zuordnen*

Gestützt auf den Grundsatz I, der eine Wiederholung der Verfahren über mehrere Versuchseinheiten fordert, können wir beispielsweise folgenden Versuchsplan in Betracht ziehen:

Verfahren	*Versuchseinheiten*	*Zuwachs in 3 Jahren*
A (Ohne Dünger)	10 Bäume	$a_1, a_2, \ldots a_{10}$
B (Mit Dünger B)	10 Bäume	$b_1, b_2, \ldots b_{10}$

Vergegenwärtigt man sich die Ergebnisse, die ein derartiger Versuch ergeben könnte, so lassen sich insbesondere zwei Grenzfälle unterscheiden, die wir schematisch in Fig. 1 dargestellt haben.

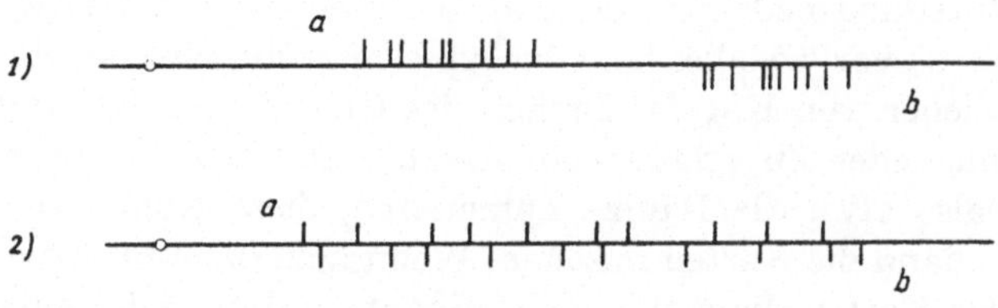

Fig. 1. Mögliche Versuchsergebnisse

Gefühlsmäßig wird man ohne weiteres annehmen, im Fall 1 sei eine Wirkung der Düngung vorhanden, im Fall 2 dagegen nicht. Um die Ergebnisse objektiv beurteilen zu können, müssen wir ein statistisches Prüfverfahren benützen, das uns auch in den zahlreichen Fällen, die weniger eindeutig aussehen als 1 oder 2 ein Urteil erlauben wird.

Bevor wir uns aber näher mit der Beurteilung der Ergebnisse befassen, müssen wir uns noch fragen, wie sie zustandegekommen sind. Es wäre beispielsweise im Fall 1 denkbar, daß der deutliche Unterschied zwischen den Verfahren A und B lediglich vorhanden ist, weil die 10 nicht gedüngten Bäume schon an sich unter ungünstigeren Bedingungen standen als die gedüngten Bäume. Es könnte in diesem Falle der in der Fig. 1 unter 1 ersichtliche Unterschied ebensogut eine Wirkung der verschiedenen Standorte, als der verschiedenen Verfahren sein.

Die Art, wie die einzelnen Bäume den beiden Verfahren zugeteilt werden, bedarf demnach sorgfältiger Erwägung. Man könnte die Zuteilung beispielsweise gestützt auf die Zuwachsverhältnisse in einer Vorperiode bewerkstelligen. Etwa so, daß darauf geachtet würde, für die beiden Verfahren ungefähr denselben durchschnittlichen Zuwachs in der Vorperiode zu erhalten. Dieses Verfahren kann insofern nicht als einwandfrei angesehen werden, als es denkbar ist, daß der Zuwachs während der Versuchsperiode anders ausfällt als während der Vorperiode. Dies könnte der Fall sein, wenn während der Vorperiode vorwiegend wenig, während der Versuchsperiode dagegen viele Niederschläge vorkämen.

Überdies ist zu beachten, daß wir vielfach überhaupt keine Anhaltspunkte über die Eigenschaften der Versuchseinheiten besitzen, die für den Versuch wichtig sind. Man muß also eine Zuteilung der Versuchseinheiten auf die Verfahren benützen, die alle störenden Einflüsse möglichst auszuschalten erlaubt. Das einzige Verfahren, das dies im allgemeinen zu leisten vermag, ist die *zufällige* Zuteilung. Man wird also in unserem Beispiel die Bäume vollkommen zufällig den beiden Verfahren zuteilen. Wenn wir die Bäume so auf die beiden Verfahren verteilen, daß für jeden Baum dieselbe Wahrscheinlichkeit besteht, dem einen oder dem andern Verfahren zugeteilt zu werden, können wir erwarten, daß im allgemeinen die äußeren Einflüsse den Vergleich der beiden Verfahren möglichst wenig beeinträchtigen. Wie in 22 noch näher ausgeführt wird, besteht keine Möglichkeit, derartige störende Einflüsse mit vollkommener Sicherheit auszuschließen, aber die zufällige Zuteilung gewährleistet, daß sie sich so selten als möglich bemerkbar machen werden.

Zufällige Zuteilung bedeutet nicht etwa Zuteilung aufs Geratewohl! Vielmehr geht man so vor, wie dies bei Glücksspielen geübt wird, wo durch Mischen der Karten, Ziehen von Kugeln, Drehen des Glücksrades usw. der Zufall mit praktisch genügender Zuverlässigkeit gewährleistet ist. In unserem Beispiel könnte man also etwa die Bäume numerieren, diese Nummern auf Karten schreiben und dann die Karten mischen. Wenn man dann in der so erhaltenen Anordnung der Karten die ersten zehn nimmt, und die zehn entsprechenden Bäume in die Gruppe ohne Dünger einreiht, hat man eine zufällige Zuteilung vorgenommen, wie sie hier gefordert wird. Dasselbe erreicht man, indem man die Tafel III der zufällig angeordneten Zahlen benützt. Nehmen wir in dieser Tafel irgendwelche zwei Spalten, so können wir irgendwo beginnen und nach unten oder oben fortschreitend, die numerierten Bäume einteilen, wobei die ersten zehn Nummern, die wir in der Tafel III antreffen, z. B. die nicht zu düngenden bedeuten mögen. Um das Verfahren zu beschleunigen kann man weiter annehmen, daß alle Zahlen der Tafel, die mit 1, 3, 5, 7, 9 beginnen, gleichwertig seien, ebenso jene, die mit 2, 4, 6, 8, 0 beginnen. Nehmen wir etwa in Tafel III auf der ersten Seite die Spalten vier und fünf, und beginnen wir auf der obersten Zeile. Wir finden 37, 54, 83, 02, 10, 08, 15, 66, 94, 22, 01, 64, 63 usw. Demnach wären die Bäume mit den Nummern 17, 14, 3, 2, 10, 8, 15, 6, 1 und 4 in die eine Gruppe einzureihen, die übrigen in die andere.

Zusammenfassend halten wir als zweiten Grundsatz fest:

Grundsatz II. Damit jede Einseitigkeit in der Zuteilung der Versuchseinheiten auf die verschiedenen Verfahren nach Möglichkeit vermieden wird, muß diese Zuteilung zufällig vor sich gehen.

023 Blöcke mit möglichst gleichartigen Versuchseinheiten

Gestützt auf die Grundsätze I und II lassen sich Versuche durchführen, deren Versuchsfehler richtig ermittelt werden kann. Ein Beispiel dafür wird im Abschnitt 033 angeführt. Grundsatz I gewährleistet, daß überhaupt ein Versuchsfehler ermittelt werden kann. Der Grundsatz II leistet zweierlei: Zunächst bewirkt er, daß ein einseitiger Einfluß störender äußerer Ursachen sich so selten als möglich auswirken wird. Sodann erlaubt uns die zufällige Zuteilung, den Versuchsfehler einwandfrei zu ermitteln, weil die Regeln der Wahrscheinlichkeitsrechnung angewandt werden können (siehe auch 22).

Dem Forscher liegt nun aber noch daran, den Versuchsfehler nicht nur richtig zu ermitteln, sondern ihn vor allem auch möglichst klein zu halten. Je kleiner der Versuchsfehler ist, um so besser lassen sich Unterschiede in der Wirkung zweier Verfahren erkennen. Der Versuchsfehler wird um so kleiner, je ähnlicher die Versuchseinheiten untereinander sind, und je weniger sich die äußeren Bedingungen, die während des Versuches herrschen, als Unterschiede zwischen den Versuchseinheiten auswirken.

In unserem Beispiel wird man sich dementsprechend auf eine Baumart, sagen wir Fichten, beschränken. Weiter wird man nach Alter, Wuchsform usw. möglichst gleichartige Bäume in den Versuch einbeziehen. Zweifellos wird dadurch die Variabilität im Zuwachs der gleich behandelten Bäume vermindert; der Versuchsfehler wird kleiner, der Versuch wird empfindlicher.

Dieses Vorgehen birgt indessen eine gewisse Gefahr in sich. Je weiter man nämlich mit der Homogeneisierung oder Standardisierung der Versuchseinheiten und der Versuchsbedingungen geht, um so kleiner wird der Anwendungsbereich der Schlußfolgerungen, die sich aus dem Versuch ergeben: die induktive Basis des Versuches wird schmäler. Abgesehen davon pflegt eine weitgehende Standardisierung mit einer unverhältnismäßig großen Erhöhung der Kosten verbunden zu sein.

Man kann indessen die Vorteile der Standardisierung bis zu einem gewissen Grade bewahren, ohne dabei den soeben erwähnten Nachteil in Kauf nehmen zu müssen. Wählen wir nämlich in unserem Beispiel 10 Paare von Bäumen derart aus, daß zwar die Partner eines jeden Paares möglichst gleichartig sind, aber von Paar zu Paar durchaus Unterschiede bestehen können, und teilen wir von jedem Paar die Partner den beiden Verfahren streng zufällig zu, so erreichen wir damit gleichzeitig einen verhältnismäßig kleinen Versuchsfehler und eine nicht zu schmale induktive Basis. In der Tat können wir so innerhalb eines jeden Paares die beiden Verfahren mit kleinem Fehler miteinander vergleichen, da ja die beiden Bäume einander möglichst ähnlich sind und daher der Zuwachs nur wenig verschieden wäre, wenn beide Bäume nicht gedüngt würden. Die Unterschiede im Wachstum, die von einem Paar zum andern bestehen können, beeinträchtigen die Empfindlichkeit des Versuches in keiner Weise. Ein derartiger Versuch, in dem die Versuchseinheiten paarweise zusammengestellt sind, wird im Abschnitt 17 vorgeführt, wo auch die Auswertung erörtert wird.

Kehren wir nun zu der ursprünglichen Versuchsfrage für unser Beispiel zurück, wie wir sie zu Beginn von 02 ausgesprochen hatten; nehmen wir also an, daß wir es nicht mit zwei, sondern mit fünf Verfahren zu tun haben, nämlich mit einer Kontrolle (ohne Düngung) und vier verschiedenen Düngern. Auf Grund unserer Überlegungen muß der folgende Versuchsplan als zweckmäßig angesehen werden:

In einem Wald wählen wir 50 Bäume aus. Wir bilden 10 Gruppen von je 5 Bäumen. Die fünf Bäume einer Gruppe sollen unter sich so ähnlich als möglich sein (Alter, Standort usw.). Zwischen den zehn Gruppen dürfen im übrigen erhebliche Unterschiede bestehen. In jeder Gruppe teilen wir je einen Baum den fünf Verfahren zufällig zu.

Damit erreichen wir, daß die Vergleiche zwischen den fünf Verfahren *innerhalb jeder Gruppe* mit verhältnismäßig kleinen Versuchsfehlern behaftet sind, da zwischen den fünf Bäumen einer Gruppe verhältnismäßig kleine Zuwachsunterschiede zu erwarten wären, wenn sie alle nicht gedüngt würden. Die Auswertung eines derartigen Versuches ist im Abschnitt 12 behandelt.

Zusammenfassend können wir den dritten Grundsatz folgendermaßen aussprechen, wobei wir die Gruppen gleichartiger Versuchseinheiten als *Blöcke* bezeichnen wollen.

Grundsatz III. Um die Empfindlichkeit des Versuches zu erhöhen, und um gleichzeitig eine möglichst breite induktive Basis zu gewährleisten, werden Blöcke mit unter sich möglichst gleichartigen Versuchseinheiten gebildet.

Ausgehend von den einfachsten Versuchsplänen werden wir zeigen, wie sich die drei Grundsätze auf verschiedene Versuchsfragen anwenden lassen.

03 Statistische Auswertung

031 Zweck der Auswertung

Die statistische Auswertung der Versuchsergebnisse soll uns in objektiver Weise zu entscheiden gestatten, ob die verschiedenen Verfahren eine unterschiedliche Wirkung ausüben. Wie in 02 angedeutet wurde, muß man dabei zweierlei tun. Erstens hat man die durchschnittliche Wirkung für jedes Verfahren zu ermitteln um dann die Unterschiede zwischen zwei Verfahren bestimmen zu können. Zweitens muß man den Versuchsfehler feststellen, was auf die Berechnung einer Streuung hinausläuft. Dementsprechend zeigen wir im nächsten Abschnitt, wie Durchschnitte und Streuungen zweckmäßig berechnet werden.

Man muß sich indessen bewußt sein, daß mit jedem wissenschaftlichen Versuch etwas allgemeingültiges erforscht werden soll. So soll beispielsweise der Düngungsversuch, von dem in 02 die Rede ist, uns Schlüsse gestatten über die Wirkung verschiedener Dünger, und zwar auch bei anderen Bäumen als nur den im Versuch einbezogenen. Erst wenn wir imstande sind, auf Grund der Versuchsergebnisse *Voraussagen* zu machen, hat der Versuch seinen eigentlichen Zweck erfüllt.

Wir betrachten daher jeden Versuch als einen unter den unendlich vielen Versuchen, die wir unter den gleichen Bedingungen ausführen könnten. Und die Ergebnisse des einen Versuches, den wir ausführen, fassen wir als eine *Stichprobe* aus der *Grundgesamtheit* aller möglichen Ergebnisse auf, die unter den gleichen Bedingungen zustandekommen könnten. Von diesem Standpunkt aus gesehen, stellt sich der mathematischen Statistik die Aufgabe, zu zeigen, was an Hand der Versuchsergebnisse, der Stichprobe, über die Grundgesamtheit ausgesagt werden kann.

Der Schluß von der Stichprobe auf die Grundgesamtheit ist notwendigerweise mit einer gewissen Unsicherheit behaftet. Unsicherheit bedeutet aber nicht Ungenauigkeit. Im Gegenteil: die Unsicherheit läßt sich gemäß den mathematisch-statistischen Verfahren bemessen, wie in 034 dargetan wird.

032 Durchschnitt und Streuung

Man könnte statt des Durchschnitts andere Mittelwerte, statt der Streuung andere Maße der Variabilität verwenden. Der Grund für die Wahl dieser beiden statistischen Maßzahlen wird hier nicht erörtert; der Leser kann sich darüber in einem der allgemeinen Werke über mathematische Statistik orientieren, die in der Literaturübersicht angeführt sind.

Der *Durchschnitt* $\bar{x}$ von N Werten x_1, x_2, ... x_i, ... x_N ist das arithmetische Mittel

$$\bar{x} = \frac{\overset{N}{\underset{i=1}{S}} x_i}{N}. \tag{1}$$

Nehmen wir etwa vom Beispiel 1 in Abschnitt 033 (Seite 18) die sechs Werte der Gruppe A, so hat man

$$
\begin{array}{ll}
x_1 & 119 \\
x_2 & 90 \\
x_3 & 102 \\
x_4 & 85 \qquad \bar{x} = 645 : 6 = 107{,}5 \\
x_5 & 113 \\
x_6 & 136 \\
\hline
S\,x_i = & 645
\end{array}
$$

Oft empfiehlt es sich, aus den beobachteten Werten neue Größen abzuleiten, mit denen sich die Durchschnitte und Streuungen rascher berechnen lassen. Als erstes kann man von allen Werten x_i einen festen Betrag D abziehen und dann mit den Differenzen $x_i - D$ rechnen. Man nennt D etwa auch einen *vorläufigen Durchschnitt*. Wenn weiter beispielsweise die Versuchsergebnisse auf halbe Einheiten genau angegeben sind, kann es sich als zweckmäßig erweisen, die Differenzen $x_i - D$ noch durch 0,5 zu dividieren. Allgemein kann man von den Versuchsergebnissen x_i ausgehend Werte z_i gemäß der Formel

$$z_i = \frac{x_i - D}{k} \tag{2}$$

ableiten. Anders ausgedrückt ist

$$x_i = D + k\,z_i. \tag{3}$$

Summiert man in (3) über i von 1 bis N und dividiert dann durch N, so findet man

$$\bar{x} = D + k\,\bar{z}. \tag{4}$$

Als Beispiel für den Fall $k = 1$, wo wir also lediglich einen vorläufigen Durchschnitt benützen, können wir in den oben angegebenen sechs Werten $D = 80$ wählen und haben dann

$$
\begin{array}{ll}
z_1 & 39 \\
z_2 & 10 \qquad \bar{z} = 165 : 6 = 27{,}5 \\
z_3 & 22 \\
z_4 & 5 \\
z_5 & 33 \qquad \bar{x} = D + \bar{z} = 80 + 27{,}5 = 107{,}5 \; . \\
z_6 & 56 \\
\hline
Sz_i = & 165
\end{array}
$$

Die *Streuung* s^2 ist definiert durch die Formel

$$
s^2 = \frac{S(x_i - \bar{x})^2}{N - 1} \tag{5}
$$

Man findet also die Streuung, indem man die Summe der Quadrate der Abweichungen der Einzelwerte vom Durchschnitt bildet und sie durch $N - 1$ dividiert. Wir nennen $S(x_i - \bar{x})^2$ kurz die *Summe der Quadrate* (abgekürzt *SQ*) und $N - 1$ den *Freiheitsgrad* (*FG*), für den man auch das Symbol n benützt.

Die Bezeichnung Freiheitsgrad ist aus der Mechanik entlehnt; sie läßt sich auf folgende Art verstehen. In der Streuung kommen die Differenzen $x_i - \bar{x}$ vor. Da nach der Formel (1) $Sx_i = N\bar{x}$ ist, findet man

$$
S(x_i - \bar{x}) = Sx_i - N\bar{x} = 0 \; . \tag{6}
$$

Die N Differenzen $x_i - \bar{x}$ sind somit nicht sämtliche voneinander unabhängig, sondern es besteht zwischen ihnen die (lineare) Beziehung (6). Anders ausgedrückt: Wenn der Durchschnitt $\bar{x}$ gegeben ist, so können wir $N - 1$ Werte x_i frei wählen; der N. Wert dagegen ist nicht mehr frei wählbar, er ist durch die Beziehung (6) bestimmt. Man stellt somit fest, daß von den N Differenzen $x_i - \bar{x}$ nur deren $N - 1$ voneinander linear unabhängig sind; und dies gibt uns den Freiheitsgrad.

Eine Streuung hat demnach soviele Freiheitsgrade, als voneinander linear unabhängige Größen in der Summe der Quadrate vorhanden sind; oder, was dasselbe ist, der Freiheitsgrad ist gleich der Zahl der Größen in der Summe der Quadrate, minus die Zahl der linearen, voneinander unabhängigen Gleichungen, die zwischen diesen Größen bestehen.

Man nennt s die *mittlere quadratische Abweichung*, auch kurz *mittlere Abweichung* oder *Standardabweichung*.

Die Streuung s^2 wird nur ganz ausnahmsweise nach der Definitionsformel (5) berechnet. In der Tat ist es meist einfacher und zugleich genauer, die Summe der Quadrate nach einer der drei Formeln

$$S(x_i - \bar{x})^2 = S x_i^2 - N\bar{x}^2 \tag{7a}$$

$$= S x_i^2 - \bar{x} S x_i \tag{7b}$$

$$= S x_i^2 - (S x_i)^2/N \tag{7c}$$

zu ermitteln, die man leicht findet, wenn man

$$S(x_i - \bar{x})^2 = S(x_i^2 - 2 x_i \bar{x} + \bar{x}^2)$$

$$= S x_i^2 - 2 \bar{x} S x_i + N\bar{x}^2$$

benützt und dazu die Formel (1) berücksichtigt. Die Formeln (7) werden immer wieder verwendet; es empfiehlt sich daher, sich dieselben gut einzuprägen.

Wie den Durchschnitt, wird man auch die Summe der Quadrate vielfach mit Vorteil statt mit den beobachteten Werten mit umgerechneten berechnen. Wenn wir wiederum mit der Beziehung (3)

$$x_i = D + k z_i$$

von den x_i zu den Werten z_i übergehen, finden wir

$$x_i - \bar{x} = k (z_i - \bar{z})$$

auf Grund von (3) und (4) und somit

$$S(x_i - \bar{x})^2 = k^2 S(z_i - \bar{z})^2 . \tag{8}$$

Wenn $k = 1$ ist, kann man somit die Summe der Quadrate mittels der z_i in gewohnter Weise berechnen; sie ist gleich der Summe der Quadrate für die ursprünglichen Werte x_i. Als Beispiel mögen die schon oben benützten sechs Werte der Gruppe A aus dem Beispiel 1 in 033 dienen, von denen wir wiederum einen vorläufigen Durchschnitt $D = 80$ abziehen.

x_i	$z_i = x_i - 80$	z_i^2
119	39	1521
90	10	100
102	22	484
85	5	25
113	33	1089
136	56	3136
S 645	165	6355

$$S(x_i - \bar{x})^2 = 6355 - 27,5 \cdot 165$$
$$= 6355 - 4537,5$$
$$= 1817,5$$

Nach der Formel (7b) läßt sich die Summe der Quadrate mühelos berechnen.

2*

Mit der Rechenmaschine ermittelt man zweckmäßig gleichzeitig Sz_i und Sz_i^2, ohne die Einzelergebnisse aufzuschreiben. Wer über keine Rechenmaschine verfügt, benützt mit Vorteil eine Tafel von Quadratzahlen.

Die Streuung s^2 beträgt für die oben angegebenen Werte

$$s^2 = 1817{,}5 : 5 = 363{,}5 \,.$$

033 *Einfache Streuungszerlegung*

Die Streuungszerlegung ist ein wertvolles statistisches Hilfsmittel, das vor allem für die Auswertung von Versuchen, und insbesondere für die richtige Bestimmung des Versuchsfehlers unschätzbare Dienste leistet.

In diesem Abschnitt untersuchen wir zunächst den einfachsten Fall der Streuungszerlegung; später werden wir verwickeltere Streuungszerlegungen kennenlernen (siehe 12 und 15). Die Streuungszerlegung leistet vor allem auch in jenen Versuchen nützliche Dienste, in denen nur die Grundsätze I und II, nicht aber Grundsatz III, befolgt werden. Wir erläutern die einfache Streuungszerlegung an einem derartigen Beispiel.

Beispiel 1. Gewichte von Ratten (in g) nach 56 Tagen Versuchsdauer bei verschiedener Fütterung (PETITPIERRE und VOLET)

Futtergruppe							
A	B	C	D	E	F	G	
119	123	130	144	159	139	156	
90	121	163	172	172	146	183	
102	159	159	165	210	161	146	
85	138	140	143	171	149	169	
113	178	121	179	232	124	147	
136	138	142	146	190	137	. . .	
615	857	855	949	1134	856	801	6097

In diesem Versuch wurden 42 Ratten auf die 7 Futtergruppen verteilt, so daß auf jede Gruppe 6 Ratten entfallen. Während des Versuches ging ein Tier ein. Grundsatz I wurde somit befolgt. Leider wurden die Tiere den Verfahren nicht zufällig zugeteilt, sondern so, daß die sieben Gruppen im Durchschnitt ungefähr gleiche Anfangsgewichte aufwiesen. Trotzdem werden wir die Versuche so auswerten, als ob auch der Grundsatz II angewandt worden wäre. Versuche, in deren Plan die Grundsätze I und II, nicht aber III, berücksichtigt sind, nennt man etwa auch *Versuche mit völlig zufälliger Zuteilung.*

Wir zeigen zunächst, daß man aus diesen Versuchsergebnissen drei Streuungen berechnen kann, zwischen denen bemerkenswert einfache Beziehungen bestehen. Die volle Bedeutung dieser Berechnungen wird erst im Laufe der folgenden Abschnitte zutage treten. Um die Verhältnisse besser überblicken zu können, führen wir folgende Bezeichnungen ein, die über das besondere Beispiel hinaus allgemein gelten.

		Gruppe			
	1	2 ...	j	...	M
Einzelwerte:	x_{11}	x_{21} ...	x_{j1}	...	x_{M1}
	x_{12}	x_{22} ...	x_{j2}	...	x_{M2}
	....	....	....	....	....
	x_{1i}	x_{2i} ...	x_{ji}	...	x_{Mi}
	....	....	....	....	....
	x_{1N_1}	x_{2N_2} ...	x_{jN_j}	...	x_{MN_M}
Anzahl Werte	N_1	N_2 ...	N_j	...	N_M
Durchschnitte	$\bar{x}_1.$	$\bar{x}_2.$ ...	$\bar{x}_j.$	...	$\bar{x}_M.$

Der Gruppendurchschnitt für die j. Gruppe ist bestimmt durch

$$\bar{x}_{j.} = \frac{\underset{i}{S} x_{ji}}{N_j} . \tag{1}$$

Die Gesamtzahl der beobachteten Werte bezeichnen wir mit N, und somit hat man

$$N = \underset{j=1}{\overset{M}{S}} N_j , \tag{2}$$

sowie für den Gesamtdurchschnitt $\bar{x}$:

$$\bar{x} = (\underset{j}{S}\underset{i}{S} x_{ji})/N = (\underset{j}{S} N_j \bar{x}_{j.})/N . \tag{3}$$

Als erstes können wir nun die *Streuung sämtlicher 41 Gewichte um den Gesamtdurchschnitt* berechnen. Die entsprechende Summe der Quadrate bezeichnen wir mit *SQ* (insgesamt) und haben dafür die Formel

$$SQ \text{ (insgesamt)} = \underset{j}{\overset{}{S}}\underset{i}{S} (x_{ji} - \bar{x})^2 . \tag{4}$$

Um diesen Ausdruck zu berechnen, wählt man mit Vorteil einen vorläufigen Durchschnitt $D = 100$ und geht dann nach den Formeln (8) und (7) des Abschnitts 032 vor. In den meisten Fällen ist (7c) am zweckmäßigsten.

Mit $z_{ji} = x_{ji} - 100$ findet man

$$\underset{j\ i}{SS} z_{ji}^2 \qquad = \qquad\qquad 131\,429$$

$$-\underset{j\ i}{(SS} z_{ji})^2/N \qquad = -1997^2/41 = -\;\;97\,268{,}512$$

$$\underset{j\ i}{SS}(x_{ji} - \bar{x})^2 = \qquad\qquad 34\,160{,}488$$

Zu dieser Summe der Quadrate gehören 40 Freiheitsgrade, gemäß den Erläuterungen in 032.

Aus Gründen, auf die wir hier nicht eintreten können, ist es in der Streuungszerlegung im allgemeinen richtiger, nicht von Streuungen zu sprechen, sondern das Verhältnis (Summe der Quadrate)/(Freiheitsgrad) einfach *Durchschnittsquadrat* (*DQ*) zu nennen. Man hat somit

$$DQ \text{ (insgesamt)} = 34\,160{,}488 : 40 = 854{,}012 \,.$$

An dem Durchschnittsquadrat, das wir soeben berechneten, sind zwei Gruppen von Ursachen beteiligt; einmal die verschiedenen Futterarten, die deutlich verschiedene Endgewichte bewirken, wie schon ein Blick auf die Zahlen unseres Beispiels zeigt, sodann aber alle jene Ursachen welche die Variabilität innerhalb der sieben Gruppen bewirken. Es ist naheliegend, das *Durchschnittsquadrat innerhalb der Gruppen* als Versuchsfehler zu betrachten; immerhin ist dies nur unter bestimmten Voraussetzungen zulässig, von denen im Abschnitt 034.3 die Rede sein wird. Vorerst beschränken wir uns darauf die *SQ* (innerhalb der Gruppen) zu berechnen. Zu diesem Zwecke definieren wir die Summe der Quadrate innerhalb der Gruppen einfach als die Summe der *SQ* für die einzelnen Gruppen; also

$$SQ \text{ (innerhalb der Gruppen)} = \underset{j\ i}{SS}(x_{ji} - \bar{x}_{j.})^2 \,. \tag{5}$$

Zur numerischen Auswertung benützen wir wiederum den vorläufigen Durchschnitt $D = 100$ und berechnen für jede Gruppe

$$\underset{i}{S}(x_{ji} - \bar{x}_{j.})^2 = \underset{i}{S}(z_{ji}^2) - \underset{i}{(S} z_{ji})^2/N_j \,, \tag{6}$$

was zu folgenden Ergebnissen führt:

Gruppe	$\underset{i}{S}\,x_{ji}^2$	$(\underset{i}{S}\,x_{ji})^2/N_j$	$\underset{i}{S}\,(x_{ji}-\bar{x}_{j.})^2$
A	2 155	337,500	1 817,500
B	13 423	11 008,167	2 414,833
C	12 155	10 837,500	1 317,500
D	21 551	20 300,167	1 250,833
E	51 330	47 526,000	3 804,000
F	11 704	10 922,667	781,333
G	19 111	18 120,200	990,800
Summe	131 429	119 052,201	12 376,799

Man hat demnach

$$SQ \text{ (innerhalb der Gruppen)} = 12\,376,799\,.$$

Aus der Zahlenübersicht und aus der Formel (6) folgt übrigens noch, daß man an Stelle von (5) auch schreiben kann

$$SQ \text{ (innerhalb der Gruppen)} = \underset{j}{S}\underset{i}{S}\,(x_{ji}^2) - \underset{j}{S}\left[(\underset{i}{S}\,x_{ji})^2/N_j\right]. \qquad (7)$$

Wie die Summe der Quadrate, so bestimmen wir auch die Freiheitsgrade innerhalb der Gruppen dadurch, daß wir die Freiheitsgrade innerhalb der einzelnen Gruppen zusammenzählen. Für die Gruppe j haben wir $N_j - 1$ Freiheitsgrade, zusammen also

$$\underset{j}{S}(N_j - 1) = N - M\,.$$

Da im Beispiel 1 die Gesamtzahl der Werte $N = 41$ und die Zahl der Gruppen $M = 7$, beträgt der Freiheitsgrad innerhalb der Gruppen $N - M = 34$, und somit

$$DQ \text{ (innerhalb der Gruppen)} = 12\,376,799 : 34 = 364,024\,.$$

Die Zahl der Freiheitsgrade läßt sich auch aus folgender Überlegung herleiten. Die Summe der Quadrate innerhalb der Gruppen ist auf den N Differenzen $x_{ji} - \bar{x}_{j.}$ aufgebaut. Zwischen diesen N Ausdrücken bestehen die Beziehungen (1)

$$N_j\bar{x}_{j.} = \underset{i}{S}\,x_{ji}\,, \quad (j = 1, 2, \ldots M)$$

deren es M gibt, die voneinander unabhängig sind. Für die Summe der Quadrate hat man somit nach 032 $N - M$ Freiheitsgrade.

Wie groß ist schließlich die Streuung, die durch die Verschiedenheit zwischen den einzelnen Futterarten bedingt ist? Da es sich dabei um Unterschiede zwischen den sieben Gruppen handelt, sprechen wir vom Durchschnittsquadrat *zwischen den Gruppen*. Die entsprechende Summe der Quadrate muß auf den Differenzen $\bar{x}_{j.} - \bar{x}$ aufgebaut werden. Aus Gründen, die im Abschnitt 034.3 ersichtlich sind, fügen wir jedem der Quadrate $(\bar{x}_{j.} - \bar{x})^2$ den Faktor N_j bei, also:

$$SQ \text{ (zwischen den Gruppen)} = \underset{j}{S} N_j (\bar{x}_{j.} - \bar{x})^2 . \tag{8}$$

Nach der Formel (7a) von 032 erhält man

$$\underset{j}{S} N_j (\bar{x}_{j.} - \bar{x})^2 = \underset{j}{S} (N_j \bar{x}_{j.}^2) - (\underset{j}{S} N_j) \bar{x}^2$$

oder, wenn wir die Formeln (1), (2) und (3) berücksichtigen

$$\underset{j}{S} N_j (\bar{x}_{j.} - \bar{x})^2 = \underset{j}{S} \left[(\underset{i}{S} x_{ji})^2 / N_j \right] - (\underset{j}{S}\underset{i}{S} x_{ji})^2 / N . \tag{9}$$

Da wir das erste Glied auf der rechten Seite von (9) ebenfalls in der Formel (7) antreffen, und da mit $k = 1$ die Ausdrücke in z denjenigen in x gleichwertig sind, können wir die Summe der Quadrate zwischen den Gruppen wie folgt errechnen:

$$\underset{j}{S}\left[(\underset{i}{S} z_{ji})^2 / N_j \right] = \qquad\qquad 119\,052{,}201$$

$$-(\underset{j}{S}\underset{i}{S} z_{ji})^2 / N \quad = -1997^2 / 41 = -\underline{\quad 97\,268{,}512}$$

$$SQ \text{ (zwischen den Gruppen)} \quad = \qquad 21\,783{,}689$$

Zwischen den M Differenzen $\bar{x}_{j.} - \bar{x}$ besteht die eine lineare Beziehung (3); somit entsprechen der Summe der Quadrate zwischen den Gruppen $M - 1$, in unserem Beispiel demnach 6 Freiheitsgrade.

Schließlich hat man als Durchschnittsquadrat zwischen den Gruppen

$$DQ \text{ (zwischen den Gruppen)} = 21\,783{,}689 : 6 = 3\,630{,}615.$$

Durch Vergleich der Formeln (7) und (9) mit (4) und bei Berücksichtigung von (7c) in 032 stellt man fest, daß die „Summe der Quadrate insgesamt" zerlegt wurde in die Summe der Quadrate „zwischen" und „innerhalb" der Gruppen. Die Zahlen für das Beispiel 1 bestätigen diesen Befund. Ebenso gibt der Freiheitsgrad „zwischen" zusammen mit dem Freiheitsgrad „innerhalb" der Gruppen den Freiheitsgrad „insgesamt". Nach dem Vorbild von R. A. FISHER, welcher die Methode der Streuungszerlegung geschaffen hat, pflegt man die Ergebnisse wie folgt zusammenzufassen:

Streuung	Freiheitsgrad	Summe der Quadrate	Durchschnittsquadrat
Zwischen den Gruppen	6	21 783,689	3 630,615
Innerhalb der Gruppen	34	12 376,799	364,024
Insgesamt	40	34 160,488	854,012

Die einfachen Beziehungen, die wir für die Freiheitsgrade und für die Summen der Quadrate festgestellt haben, gelten nicht für die Durchschnittsquadrate. Wie wir sehen werden, ist es in der Regel nicht nötig, das Durchschnittsquadrat „insgesamt" zu berechnen.

Die einfache Streuungszerlegung, die wir hier vorgeführt haben, läßt sich immer durchführen, da sie auf einfachen algebraischen Beziehungen beruht. Eine andere Frage ist es, welchen Sinn diese Berechnungen haben und welche Schlüsse wir daraus ziehen können. Dies erörtern wir in den folgenden Abschnitten.

034 Prüfverfahren

Die volle Tragweite der Streuungszerlegung erschließt sich erst, wenn man die Beziehungen zwischen Stichprobe und Grundgesamtheit mit in Betracht zieht, was uns zu den Prüfverfahren der neueren mathematischen Statistik führt.

Die Ergebnisse eines einzelnen Versuches sollen uns, wie schon erwähnt, gleichzeitig Aufschluß über die Gesamtheit der Ergebnisse liefern, die in allen, unter den gleichen Bedingungen denkbaren Versuchen eintreten würden.

Als erstes ist es nun wichtig, zu erkennen, daß man unter bestimmten Voraussetzungen, die in richtig durchgeführten Versuchen sehr oft erfüllt sind, durchaus in der Lage ist, über die Gesamtheit der Ergebnisse in diesen hypothetisch möglichen Versuchen einiges auszusagen. Wir erörtern dies am Beispiel 1. Wenn wir uns den Versuch sehr oft wiederholt denken, werden wir selbstverständlich für die Tiere etwa der Gruppe A immer wieder andere Gewichte finden. Denn obschon die Versuchsbedingungen im wesentlichen dieselben bleiben, können wir sie doch nie vollkommen genau wiederholen. Die Zusammensetzung und die Menge des Futters wird von Tier zu Tier kleinen, unvoraussehbaren, zufälligen Schwankungen unterworfen sein, ebenso die Temperatur, die Luftfeuchtigkeit, die Belichtung usw. Aber auch die Tiere selbst werden sich, trotz aller Bemühungen, im Anfangsgewicht, in allen möglichen Merkmalen des Körperbaues und der Leistungsfähigkeit unterscheiden. Das Endgewicht wird durch die Gesamtheit aller dieser zahlreichen, wenigstens zum Teil voneinander unabhängig wirkenden Ursachen beeinflußt.

Andererseits weiß man aus der Wahrscheinlichkeitstheorie, daß eine Größe, die durch eine große Zahl von voneinander unabhängig und zufällig wirkenden Ursachen bedingt ist, sich nach einer ganz bestimmten Häufigkeitskurve verteilt, nämlich nach der sogenannten *normalen* oder *Gauß-Laplaceschen Verteilung*. Das Bild dieser Verteilung ist die in der Fig. 2 dargestellte symmetrische Glockenkurve. Als Abszisse ist die beobachtete Größe x (im Beispiel 1 das Gewicht am Ende des Versuches) und als Ordinate die Häufigkeit aufgetragen, mit der jeder Wert x in der Grundgesamtheit vorkommt.

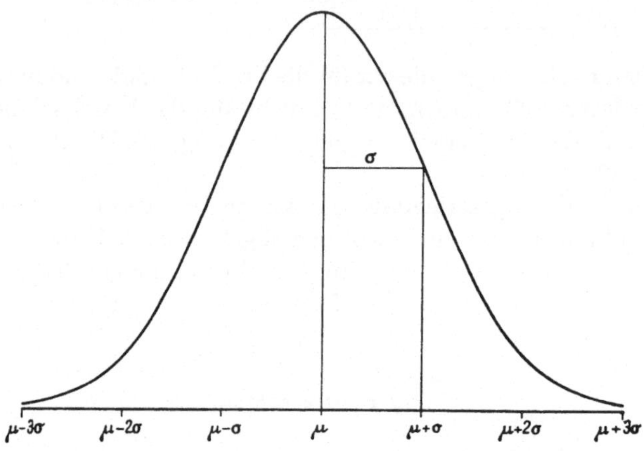

Fig. 2. Normale Verteilung

Eine normale Verteilung ist durch zwei statistische *Parameter* bestimmt, nämlich durch den *Durchschnitt μ* und die *mittlere quadratische Abweichung σ* (auch kurz mittlere oder Standardabweichung genannt). Die Bedeutung dieser Maßzahlen wurde im Abschnitt 032 angégeben.

In einem bestimmten Versuch ist der Zufall dafür verantwortlich, welche kleinen Abweichungen in der Menge und Zusammensetzung des Futters, in der Temperatur, usw. für jedes einzelne Tier eintreten. Man kann demnach die Versuchsergebnisse für eine bestimmte Gruppe, etwa A, als *eine zufällige Stichprobe aus einer normalen Grundgesamtheit* betrachten. Wir kennen zwar weder den Durchschnitt μ, noch die mittlere Abweichung σ dieser Grundgesamtheit; aber der Umstand, daß die Grundgesamtheit normal ist, gewährleistet die Anwendbarkeit der Prüfverfahren.

Die normale Verteilung entsteht streng genommen nur dann, wenn die Wirkungen der einzelnen Ursachen sich zueinander *addieren*. In zahlreichen Fällen trifft dies zu; es kommt aber auch vor, daß sich die Wirkungen der verschiedenen Ursachen nicht additiv, sondern multiplikativ verhalten. Die dabei entstehenden schiefen Verteilungen lassen sich aber in einfachster Weise in normale Verteilungen überführen, wenn man an Stelle der beobachteten Werte deren Logarithmen benützt. (Siehe dazu das Beispiel 13 im Abschnitt 43.)

Um die Zusammenhänge zu veranschaulichen, die zwischen einer Grundgesamtheit und allen aus ihr entnommenen zufälligen Stichproben bestehen, kann man sich eines Schemas bedienen, das im folgenden Abschnitt beschrieben wird.

034.1 Prüfen von Durchschnitten

Schematisch kann man sich eine normale Grundgesamtheit wie folgt verwirklicht denken. Auf einer Wandtafel zeichnet man eine normale Verteilung mit dem Durchschnitt μ und der mittleren Abweichung σ. Denkt man sich nun längs der Abszissenachse ein Brett angebracht, und parallel der Ordinatenachse in gleichen Abständen ebenfalls je eines, so entsteht eine Art Fächergestell. Man

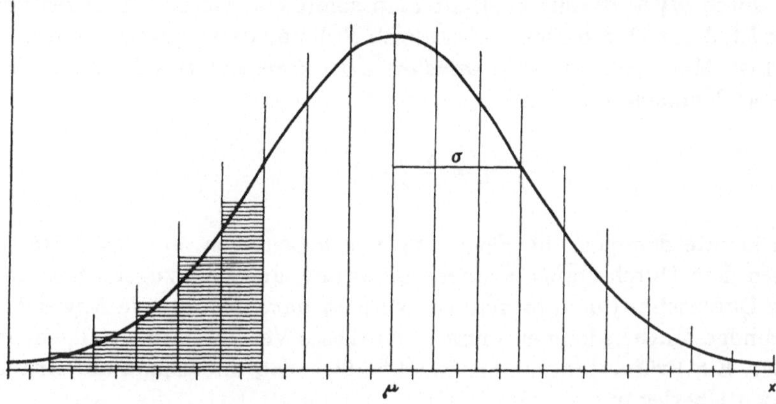

Fig. 3. Normales Fächergestell

denke sich weiter eine große Zahl von Kärtchen in das Fächergestell eingeordnet, und zwar soviele, daß die obersten in jedem Fache gerade bis zur normalen Verteilung reichen (siehe Fig. 3). Schließlich denken wir uns auf alle Kärtchen eines Faches den Wert von x eingetragen, welcher der Mitte des Faches entspricht.

Die Gesamtheit der auf den Kärtchen verzeichneten Werte stellt, wenigstens annäherungsweise, eine normale Grundgesamtheit dar. Dieser normalen Grundgesamtheit kann man eine zufällige Stichprobe auf folgende Weise entnehmen. Man wirft die Kärtchen in eine Urne und, nachdem man sie gründlich durcheinandergemischt hat, entnimmt man der Urne blindlings eine Karte. Bei diesem Vorgehen soll jede Karte dieselbe Wahrscheinlichkeit besitzen, aus der Urne gezogen zu werden. Man notiert den auf der Karte verzeichneten Wert von x und legt die Karte in die Urne zurück. Nach erneutem Durchmischen zieht man eine zweite Karte usw.

Auf diese Art kann man sich vorstellen, wie eine Stichprobe von N Werten $(x_1, x_2, \ldots x_i, \ldots x_N)$ einer normalen Grundgesamtheit mit dem Durchschnitt μ und der mittleren Abweichung σ zufällig entnommen wird. Wenn man die Beziehungen zwischen Grundgesamtheit und Stichprobe kennenlernen will, genügt jedoch eine einzige Stichprobe nicht, man muß vielmehr die Gesamtheit aller möglichen zufälligen Stichproben in ihrer Beziehung zur Grundgesamtheit untersuchen. Würde man auf die beschriebene Art und Weise genügend oft Stichproben von N Werten einer bestimmten Grundgesamtheit entnehmen, so erhielte man die gewünschten Ergebnisse wenigstens annäherungsweise. Die mathematische Analyse hat demgegenüber den Vorzug, genaue Ergebnisse zu zeitigen, die wir nun Schritt für Schritt darstellen.

Zunächst wollen wir angeben, wie sich die Durchschnitte $\bar{x}$ aus allen möglichen, zufälligen Stichproben von N Werten verteilen, die einer normalen Grundgesamtheit mit Durchschnitt μ und mittlerer Abweichung σ entstammen. Die Verteilung dieser Durchschnitte ist ebenfalls normal, mit einem Durchschnitt μ und einer mittleren Abweichung $\sigma/\sqrt{N}$. Wenn man die Abweichung $\bar{x} - \mu$ durch $\sigma/\sqrt{N}$ dividiert, erhält man somit eine Größe, die selbst normal verteilt ist, deren Durchschnitt aber gleich Null und deren mittlere Abweichung gleich 1 ist. Man nennt dies eine *standardisierte normale Variable* und bezeichnet sie mit u; demnach hat man

$$u = \frac{\bar{x} - \mu}{\sigma}\,\sqrt{N}\,. \tag{1}$$

Man könnte demnach die Verteilung von u benützen, um den Unterschied zwischen dem Durchschnitt $\bar{x}$ einer Stichprobe, und dem zugehörigen theoretischen Durchschnitt μ zu prüfen. Da wir aber dazu die mittlere Abweichung σ der Grundgesamtheit kennen müssen, ist dieses Verfahren nicht allgemein anwendbar. Ein Prüfverfahren, das zweckmäßiger ist, findet man auf Grund der folgenden Überlegungen.

Berechnet man für alle möglichen, einer normalen Grundgesamtheit mit Durchschnitt μ und mittlerer Abweichung σ zufällig entnommenen Stichproben von N Werten den Durchschnitt $\bar{x}$, die mittlere Abweichung s und den Ausdruck t nach der Formel

$$t = \frac{\bar{x} - \mu}{s}\,\sqrt{N}\,, \tag{2}$$

so findet man, daß t in ganz bestimmter Weise verteilt ist. Die Verteilung der Werte t hängt einzig von Freiheitsgrad $n = N - 1$ der Streuung s^2 ab; dagegen kommt es nicht darauf an, wie groß die Streuung der Grundgesamtheit ist. Man kann somit berechnen, mit welcher Wahrscheinlichkeit der Ausdruck t einen bestimmten Wert überschreitet. Die Verteilung von t ist symmetrisch; man pflegt daher meist nach der Wahrscheinlichkeit P zu fragen, daß t einen Wert unterhalb $-t_P$ oder oberhalb $+t_P$ annimmt. In der Tafel I sind für die Freiheitsgrade $n = 1$ bis $n = 30$ die Werte $\pm t_{0,05}$ und $\pm t_{0,01}$ angegeben, die mit einer Wahrscheinlichkeit von 5% und 1% überschritten werden.

Benützt man die Werte $t_{0,05}$ und $t_{0,01}$ um zu entscheiden, ob ein Unterschied $\bar{x} - \mu$ gesichert sei oder nicht, so muß man in Kauf nehmen, daß man, auch wenn im Grunde kein wesentlicher Unterschied vorliegt, in 5% oder in 1% der Fälle irrtümlicherweise auf einen gesicherten Unterschied schließt. Diese Zahlen geben uns an, mit welchem Risiko das Prüfverfahren behaftet ist. Man nennt die Wahrscheinlichkeiten 0,05 und 0,01 die *Sicherheitsschwellen* und die entsprechenden Werte $\pm t_{0,05}$ und $\pm t_{0,01}$ die *Sicherheitsgrenzen*.

In den folgenden Abschnitten werden wir an Stelle von (2) noch häufiger eine andere Formel verwenden, die ebenfalls auf die t-Verteilung führt. Entnehmen wir aus einer normalen Grundgesamtheit eine erste Stichprobe von N_1 Werten und eine zweite von N_2 Werten, so können wir den Unterscheid der beiden Durchschnitte $\bar{x}' - \bar{x}''$ mit der t-Verteilung mittels der Formel

$$ t = \frac{\bar{x}' - \bar{x}''}{s} \sqrt{\frac{N_1 N_2}{N_1 + N_2}} \tag{3} $$

in Beziehung setzen. Dabei ist s irgend eine Schätzung der mittleren Abweichung σ der normalen Grundgesamtheit. Der Freiheitsgrad, mit dem man in die Tafel der t eingehen muß, ist der Freiheitsgrad von s.

Im einfachsten Falle, das heißt wenn lediglich die Ergebnisse der beiden Stichproben vorliegen, wird s^2 nach der Formel

$$ s^2 = \frac{S(x_i' - \bar{x}')^2 + S(x_i'' - \bar{x}'')^2}{N_1 + N_2 - 2} \tag{4} $$

berechnet, wobei $n = N_1 + N_2 - 2$. Die x_i' bedeuten die N_1 Werte der ersten, die x_i'' die N_2 Werte der zweiten Stichprobe.

Im Abschnitt 034.3 werden wir eine andere Schätzung der Streuung der Grundgesamtheit kennenlernen.

Wenn

$$ N_2 = N_1 \tag{5} $$

ist, vereinfacht sich die Formel (3); man erhält

$$ t = \frac{\bar{x}' - \bar{x}''}{s} \sqrt{\frac{N_1}{2}} . \tag{6} $$

Schließlich kann man an Stelle von (6) auch eine Formel für die Unterschiede der entsprechenden Summen anschreiben, wenn man bedenkt, daß $S x' = N_1 \bar{x}'$ und $S x_i'' = N_1 \bar{x}''$:

$$ t = \frac{S x_i' - S x_i''}{s \sqrt{2 N_1}} \tag{7} $$

034.2 Prüfen von Streuungen

Aus einer normalen Grundgesamtheit mit Durchschnitt μ und mittlerer Abweichung σ entnehmen wir zufällig zwei Stichproben, die eine bestehend aus N_1 die zweite aus N_2 Einzelwerten. Wir berechnen die Streuungen s'^2 und s''^2, wobei

$$s'^2 = \frac{S(x'_i - \bar{x}')^2}{N_1 - 1} \;;\quad s''^2 = \frac{S(x''_i - \bar{x}'')^2}{N_2 - 1} \tag{1}$$

und das Verhältnis der beiden

$$F = \frac{s'^2}{s''^2} \;. \tag{2}$$

Denkt man sich alle möglichen Paare zufälliger Stichproben mit N_1 und N_2 Elementen und die entsprechenden Verhältnisse F, so erhalten wir die Verteilung aller möglichen Werte F. Wie die Verteilung von t, so hängt auch die Verteilung von F nicht ab von der Streuung σ der Grundgesamtheit. Die Verteilung von F ist abhängig von den Freiheitsgraden $n_1 = N_1 - 1$ und $n_2 = N_2 - 1$ der Streuungen s'^2 und s''^2.

In den meisten Fällen, mit denen wir es im folgenden zu tun haben, will man nur entscheiden, ob eine Streuung s'^2 *größer* sei als eine andere Streuung s''^2. Dementsprechend hat für uns nur jener Teil der Verteilung eine Bedeutung, für die F größer als 1 ist. Wie in der t-Verteilung lassen sich zu den Sicherheitsschwellen 0,05 und 0,01 die Sicherheitsgrenzen $F_{0,05}$ und $F_{0,01}$ berechnen. Sie sind für ausgewählte Werte der Freiheitsgrade in der Tafel II zusammengestellt.

Um zu prüfen, ob s'^2 wesentlich oder nur zufällig größer sei als s''^2, hat man lediglich das Verhältnis F nach (2) zu berechnen und in der Tafel II nachzusehen, ob der berechnete Wert F größer sei als $F_{0,05}$ oder $F_{0,01}$. Trifft dies zu, so nehmen wir an, der Unterschied der Streuungen sei gesichert.

Wie aus den obigen Erläuterungen hervorgeht, muß F immer so berechnet werden, daß der Wert größer als 1 wird; das bedeutet zugleich, daß n_1 in der Tafel II stets der größeren Streuung entsprechen muß.

Ein Prüfverfahren für die Unterschiede zwischen mehr als zwei Streuungen ergibt sich aus den folgenden Eigenschaften von M Stichproben aus einer normalen Grundgesamtheit. Es seien mit s_j^2 $(j = 1, 2, \ldots M)$ die Streuungen und mit n_j die Freiheitsgrade der M Stichproben bezeichnet. Weiter sei

$$s^2 = \frac{S n_j s_j^2}{S n_j} \quad \text{und} \quad n = \underset{j}{S} n_j \;. \tag{3}$$

Wie M. S. BARTLETT gezeigt hat, ist

$$\chi^2 = n \ln s^2 - \underset{j}{S} n_j \ln s_j^2 \,, \tag{4}$$

wobei die Verteilung von χ^2 einzig vom Freiheitsgrad $n = M - 1$, nicht aber von der Streuung σ^2 der Grundgesamtheit abhängt. Die Werte $\chi^2_{0,05}$ und $\chi^2_{0,01}$ sind in der Tafel I zu finden.

Der nach (4) berechnete Wert ist etwas zu groß; wenn er die Werte $\chi^2_{0,05}$ oder $\chi^2_{0,01}$ nur um weniges überschreitet, kann man einen genaueren Wert χ^2_C berechnen, indem man

$$\chi^2_C = \frac{\chi^2}{C} \tag{5}$$

ermittelt, mit

$$C = 1 + \frac{1}{3\,(M-1)} \left[\underset{j}{S}\left(\frac{1}{n_j}\right) - \frac{1}{n} \right]. \tag{6}$$

Ein Beispiel für die Anwendung dieses Prüfverfahrens findet sich im folgenden Abschnitt.

034.3 Anwendung der Prüfverfahren in der einfachen Streuungszerlegung

Wie in 033 gezeigt wurde, kann die Streuungszerlegung immer vorgenommen werden, wenn die Beobachtungen in passender Weise gruppiert vorliegen. Die in den beiden vorangehenden Abschnitten erörterten Prüfverfahren dagegen können streng genommen nur angewandt werden, wenn gewisse Voraussetzungen über die beobachteten Größen erfüllt sind. Diese Voraussetzungen besprechen wir in Verbindung mit dem in 033 schon herangezogenen Beispiel 1 (Seite 18) über den Einfluß verschiedener Futterarten auf das Wachstum von Ratten.

Wie in der Einleitung zu 034 dargelegt wurde, dürfen wir mit guten Gründen annehmen, daß die Grundgesamtheit der möglichen Werte innerhalb einer jeden Gruppe des Versuches *normal* ist.

Weiter müssen wir voraussetzen, daß die *Streuungen* σ^2 aller dieser sieben Grundgesamtheiten *gleich groß* seien. Das bedeutet in unserem Beispiel, daß die Art des Futters keinen Einfluß auf die Unterschiede zwischen den Endgewichten innerhalb der Gruppen hat.

Dadurch wird man auf die weitere Voraussetzung geführt, daß die Wirkung der Futterart und diejenige aller übrigen, zufälligen Einflüsse, *additiv* sein sollte.

Diese Voraussetzungen lassen sich dahin zusammenfassen, daß jeder beobachtete Wert x_{ji} dem folgenden Schema entsprechen soll:

$$x_{ji} = \alpha + \beta_j + \varepsilon_{ji}, \qquad (j = 1, 2, \ldots M; \; i = 1, 2, \ldots N_j) \,. \qquad (1)$$

In dieser Formel bedeuten x_{ji} den i. Beobachtungswert in der j. Gruppe, α eine
Konstante, β_j eine Konstante, die den Einfluß der j. Futterart darstellt und
ε_{ji} den Einfluß, den alle zufälligen Einflüsse auf diesen Wert ausüben. Diese
ε_{ji} sollen in jeder Gruppe voneinander unabhängig und normal verteilt sein
mit derselben Streuung σ^2 für alle Gruppen.

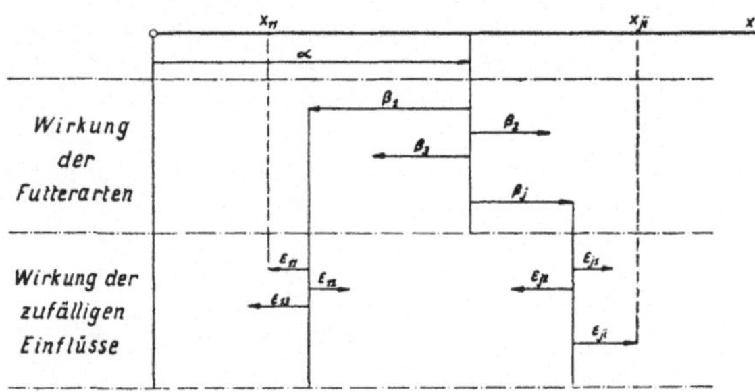

Fig. 4. Schema zur einfachen Streuungszerlegung

Die Fig. 4 zeigt schematisch die Zusammensetzung der Einzelwerte gemäß
der Formel (1), wobei noch angemerkt sei, daß man die β_j derart anzusetzen
pflegt, daß

$$\overset{M}{\underset{j=1}{S}} \, \beta_j = 0 \,. \qquad (2)$$

Unter den soeben genannten Voraussetzungen ist $\bar{x}_j - \bar{x}$ eine zweckmäßige
Schätzung von β_j und $\bar{x}$ eine solche von α.

Wenn möglich sollte man vor der Anwendung der Prüfverfahren jeweils untersuchen, ob die Voraussetzungen erfüllt sind. Um festzustellen, ob die Verteilung innerhalb einer Gruppe normal sei, müßte man über eine große Zahl
von Beobachtungswerten·verfügen, was selten vorkommt. Man wird sich daher
meist damit begnügen müssen, aus der zweckmäßigen Durchführung des Versuches, die innerhalb der Gruppen nur Raum für kleine zufällige Einflüsse läßt,
auf das Vorhandensein einer normalen Grundgesamtheit zu schließen.

Die zufällige Zuteilung der Versuchseinheiten auf die Verfahren bewirkt, daß
man die Voraussetzung der Unabhängigkeit als erwiesen annehmen darf, auch
wenn zwischen den Versuchseinheiten Abhängigkeiten bestehen sollten.

Ob die Streuungen der Grundgesamtheiten voneinander wesentlich abweichen, läßt sich durch das in 034.2 angegebene Verfahren von M. S. Bartlett
entscheiden. Aus der Zusammenstellung auf Seite 21 entnehmen wir die

$S(x_{ji} - \bar{x}_j)^2$, die nach den Bezeichnungen von 034.2 gleich $n_j s_j^2$ sind. Wir fügen diesen Werten die Freiheitsgrade n_j, die Streuungen s_j^2 und deren natürliche Logarithmen bei, sowie $n_j \ln s_j^2$, die wir nach den Formeln jenes Abschnittes ebenfalls benötigen.

Gruppe	$n_j s_j^2$	n_j	s_j^2	$\ln s_j^2$	$n_j \ln s_j^2$
A	1 817,5	5	363,5	5,89577	29,4789
B	2 414,8	5	483,0	6,18002	30,9001
C	1 317,5	5	263,5	5,57404	27,8702
D	1 250,8	5	250,2	5,52225	27,6113
E	3 804,0	5	760,8	6,63437	33,1718
F	781,3	5	156,3	5,05177	25,2588
G	990,8	4	247,7	5,51220	22,0488
Summe	12 376,8	34	...	...	196,3399

Außerdem ist noch

$$s^2 = \frac{12\,376,8}{34} = 364,0 \qquad \text{und} \qquad \ln s^2 = 5,89715 .$$

Die Größe, die wir hier mit s^2 bezeichnen, ist nebenbei bemerkt nichts anderes als das DQ (innerhalb der Gruppen). Weiter hat man gemäß (4) von 034.2

$$n \ln s^2 = 34 \cdot 5,89715 = \quad 200,5031$$
$$-\underset{j}{S} n_j \ln s_j^2 \qquad\qquad = -196,3399$$
$$\chi^2 = \qquad 4,1632$$

und $n = M - 1 = 6$. Nach der Tafel I hat man mit $n = 6$

$$\chi^2_{0,05} = 12,592 .$$

Die Unterschiede zwischen den Streuungen der sieben Gruppen sind demnach so, daß man annehmen darf, die sieben Grundgesamtheiten hätten alle dieselbe Streuung σ^2. Für das Beispiel 1 wären demnach die Voraussetzungen zur Anwendung der in 034.1 und 034.2 angegebenen Prüfverfahren erfüllt.

Auch wenn die oben erwähnten Voraussetzungen nicht zutreffen, lassen sich die Methoden der Streuungszerlegung durch passende Transformation der beobachteten Werte oft doch verwenden.

3   Linder, Planen.

Als erstes können wir nun prüfen, ob überhaupt ein Einfluß der verschiedenen Futterarten vorhanden sei. Dies läuft darauf hinaus zu prüfen, ob alle β_j als Null angenommen werden können. Die Annahme

$$\beta_j = 0 \qquad (j = 1, 2, \ldots M) \tag{3}$$

nennt R. A. FISHER die *Nullhypothese*. Wenn die Nullhypothese zutrifft, ist die Verteilung der $\bar{x}_j$ normal mit der Streuung σ^2/N_j, wie in 034.1 erwähnt wurde. Der Ausdruck

$$DQ \text{ (Zwischen den Gruppen)} = \frac{\underset{j}{S} N_j(\bar{x}_j. - \bar{x})^2}{M-1}$$

ist eine Schätzung von σ^2, solange die Nullhypothese zutrifft.

Solange die Streuungen innerhalb der verschiedenen Gruppen nicht voneinander wesentlich abweichen, können wir annehmen, daß

$$DQ \text{ (Innerhalb der Gruppen)} = \frac{\underset{j\,i}{SS}(x_{ji} - \bar{x}_j.)^2}{N-M}$$

ebenfalls eine Schätzung der Streuung σ^2 der Grundgesamtheit darstellt. Das in 034.2 erwähnte Prüfverfahren für den Vergleich zweier Streuungen kann demnach angewandt werden, indem man das Verhältnis

$$F = \frac{DQ \text{ (Zwischen den Gruppen)}}{DQ \text{ (Innerhalb der Gruppen)}}$$

mit $n_1 = M - 1$, $n_2 = N - M$ bildet. Für das Beispiel 1 ergab die Streuungszerlegung (Seite 23) die folgenden Werte:

$$F = \frac{3630,615}{364,024} = 9,97; \qquad n_1 = 6, n_2 = 34\,.$$

In der Tafel II liegen die Werte von $F_{0,05}$ und $F_{0,01}$ für die angegebenen Freiheitsgrade zwischen 2,3 und 2,4 sowie 3,3 und 3,5. In diesem Falle kann man die Nullhypothese verwerfen; die β_j sind nicht alle gleich Null. Es besteht ein Einfluß der verschiedenen Futterarten. Man kann auch sagen: zwischen den Durchschnittsgewichten der sieben Gruppen bestehen wesentliche oder gesicherte Unterschiede.

Nachdem festgestellt ist, daß zwischen den Gruppen Unterschiede bestehen, wird man sich fragen, welche der sieben Durchschnitte voneinander abweichen und welche nicht. Dies kann mit Hilfe der t-Verteilung entschieden werden, wobei wir als Schätzung von σ^2 das Durchschnittsquadrat innerhalb der Gruppen benützen. Dies hat den Vorteil, daß der Freiheitsgrad in vielen Fällen ganz erheblich größer wird, als wenn man s^2 nach der Formel (4) von 034.1 berechnet; damit geht dann eine entsprechende Erhöhung der Präzision einher.

Als Beispiel beurteilen wir etwa den Unterschied der Durchschnittsgewichte für die Gruppen D und G. Man hat

$$
\begin{array}{llll}
\text{Gruppe } D & \bar{x}' = 158{,}167 & N_1 = 6 \\[4pt]
\text{Gruppe } G & \bar{x}'' = 160{,}200 & N_2 = 5 \\[2pt]
\hline
\text{Unterschied} & \bar{x}' - \bar{x}'' = -2{,}033
\end{array}
$$

Nach der Formel (3) von 034.1 wird

$$
t = \frac{-2{,}033}{\sqrt{364{,}024}} \sqrt{\frac{6 \cdot 5}{6 + 5}} = - \frac{2{,}033}{\sqrt{133{,}475}}
$$

$$
= - \frac{2{,}033}{11{,}554} = - 0{,}18
$$

In der Tafel I findet man mit $n = 34$ den Wert $t_{0,05} = 2{,}03$. Der Unterschied zwischen den Durchschnitten der Gruppen D und G ist demnach bloß zufällig. In gleicher Weise können weitere, nötig scheinende Vergleiche durchgeführt werden.

3*

1 VERSUCHE IN BLÖCKEN MIT ZUFÄLLIGER ANORDNUNG

11 Grundsätze und Beispiel

Die sogenannten Versuche in Blöcken mit zufälliger Anordnung sind die einfachsten, bei denen alle drei in 02 erörterten Grundsätze berücksichtigt sind. Der Versuchsplan und seine Auswertung werden hier an einem Weizen-Sortenversuch erläutert; er kann indessen in den verschiedensten Forschungsgebieten angewandt werden und ist sicher einer der am häufigsten verwendbaren.

Beispiel 2. Sommerweizen-Sortenversuch Wallierhof 1949 (Eidgenössische landwirtschaftliche Versuchsanstalt Zürich-Oerlikon).

Plan und Körnererträge in q je ha, reduziert auf 14% Wassergehalt

R	N	P	C	H	N	H	P	C	R	H	C	R	N	P	C	N	H	P	R
46,4	40,9	44,0	42,1	46,4	37,6	44,1	39,3	40,2	33,4	40,7	41,0	32,1	30,9	32,0	32,7	29,6	37,6	35,1	34,3

| Block I | Block II | Block III | Block IV |

Die Sorten Huron, Pilot, Regent, Newthatch und Coronation wurden entsprechend dem obigen Plan in vierfacher Wiederholung angeordnet. Die Parzellengröße beträgt 2×10 m.

Da erfahrungsgemäß zwischen nahe beieinanderliegenden Parzellen die Unterschiede der Bodenfruchtbarkeit kleiner sind als zwischen weiter voneinander entfernten, darf erwartet werden, daß der Versuchsfehler erheblich verringert wird, wenn die 20 Parzellen in 4 Blöcke zusammengefaßt werden (Grundsatz III). Die Parzellen wurden *innerhalb der Blöcke* den fünf Sorten zufällig zugeteilt; oder umgekehrt: die Sorten sind innerhalb der Blöcke zufällig angeordnet.

Um die Unterschiede der Bodenfruchtbarkeit zwischen den Parzellen eines Blockes möglichst klein zu halten, pflegt man die Blöcke in rechteckige Parzellen aufzuteilen, die mit den Längsseiten aneinanderliegen.

In jedem Block sind gleichviele Parzellen vorgesehen, nämlich für jede Sorte eine.

In Versuchen mit Mäusen wird man mit Vorteil Tiere aus demselben Wurf als „Block" betrachten – da zwischen Tieren aus dem gleichen Wurf im allgemeinen bei irgendwelchen Merkmalen oder Funktionen kleinere Unterschiede zu erwarten sind als zwischen Tieren aus verschiedenen Würfen. Im Abschnitt 17 findet der Leser einen Versuch, in welchem die beiden Partner eines Zwilligspaares jeweilen einen „Block" bilden, in 52 sind es die beiden Augen eines Kaninchens. Es dürfte kaum ein Versuchsmaterial geben, bei dem man nicht zum vorneherein Gruppen von unter sich ähnlichen Versuchseinheiten bilden könnte.

12 Doppelte Streuungszerlegung

Um den in 11 angegebenen Versuch auszuwerten, benötigen wir eine allgemeinere Art der Streuungszerlegung als die in 033 erörterte. Wir besprechen hier zunächst die doppelte Streuungszerlegung; die mehrfache wird in 15 behandelt.

Zunächst stellen wir die Ergebnisse des im vorangehenden Abschnitt erwähnten Versuches wie folgt zusammen, wobei die Erträge in 10 kg/ha ausgedrückt sind, um nicht ständig die Kommas mitschleppen zu müssen.

Block	Erträge in 10 kg/ha					
	Huron	Pilot	Regent	Newthatch	Coronation	Zusammen
I	464	440	446	409	421	2180
II	441	393	334	376	402	1946
III	407	320	321	309	410	1767
IV	376	351	343	296	327	1693
Summe	1688	1504	1444	1390	1560	7586

Wie in 033 gezeigt wurde, kann man zunächst die folgenden Quadratsummen und Freiheitsgrade berechnen.

1. SQ (insgesamt) $= 464^2 + 441^2 + \ldots + 410^2 + 327^2 - \dfrac{7586^2}{20}$

$$= 2\,927\,242 - 2\,877\,369{,}8$$

$$= 49\,872{,}2$$

mit 19 Freiheitsgraden.

2. SQ (Zwischen den Blöcken) $= (2180^2 + 1946^2 + 1767^2 + 1693^2)/5 - 7586^2/20$

$$= 2\,905\,570,8 - 2\,877\,369,8$$

$$= 28\,201,0$$

mit 3 Freiheitsgraden.

3. SQ (Zwischen den Sorten) $= (1688^2 + 1504^2 + \ldots + 1560^2)/4 - 7586^2/20$

$$= 2\,890\,549,0 - 2\,877\,369,8$$

$$= 13\,179,2$$

mit 4 Freiheitsgraden.

Im Gegensatz zu der einfachen Streuungszerlegung finden wir indessen hier, daß die Quadratsummen und die Freiheitsgrade unter 2 und 3 zusammengezählt nicht die Werte unter 1 ergeben. Vielmehr hat man

$$49\,872,2 - 28\,201,0 - 13\,179,2 = 8492,0 \qquad (SQ)$$

$$19 \; - \; 3 \; - \; 4 \; = \; 12 \qquad (FG)$$

Was bedeuten diese restlichen Quadratsummen und Freiheitsgrade? Um dies zu erkennen, hat man lediglich die oben durchgeführten Rechnungen in Formeln auszudrücken. Wir benützen dazu die folgenden Bezeichnungen, wobei wir der Einfachheit halber von Zeilen und Spalten statt von Blöcken und Sorten sprechen werden.

Zeile			Spalte				Durchschnitt
	1	2	$\ldots$	k	$\ldots$	s	
1	x_{11}	x_{12}	$\ldots$	x_{1k}	$\ldots$	x_{1s}	$\bar{x}_{1.}$
2	x_{21}	x_{22}	$\ldots$	x_{2k}	$\ldots$	x_{2s}	$\bar{x}_{2.}$
$\ldots$	$\ldots$	$\ldots$	$\ldots$	$\ldots$	$\ldots$	$\ldots$	$\ldots$
j	x_{j1}	x_{j2}	$\ldots$	x_{jk}	$\ldots$	x_{js}	$\bar{x}_{j.}$
$\ldots$	$\ldots$	$\ldots$	$\ldots$	$\ldots$	$\ldots$	$\ldots$	$\ldots$
z	x_{z1}	x_{z2}	$\ldots$	x_{zk}	$\ldots$	x_{zs}	$\bar{x}_{z.}$
Durchschnitt	$\bar{x}_{.1}$	$\bar{x}_{.2}$	$\ldots$	$\bar{x}_{.k}$	$\ldots$	$\bar{x}_{.s}$	$\bar{x}$

Die Durchschnitte sind gegeben durch

$$s\,\bar{x}_{j.} = \underset{k}{S}\,x_{jk} \; ; \qquad z\,\bar{x}_{.k} = \underset{j}{S}\,x_{jk} \; \Big\}$$

$$N\,\bar{x} = \underset{j\;k}{SS}\,x_{jk} \; ; \qquad N = sz \; ; \qquad \Big\} \tag{1}$$

die Quadratsummen durch

$$
\begin{aligned}
SQ \text{ (insgesamt)} &= \mathop{SS}_{j\ k}(x_{jk} - \bar{x})^2 ; \\[2mm]
SQ \text{ (Zeilen)} &= s\mathop{S}_{j}(\bar{x}_{j.} - \bar{x})^2 ; \\[2mm]
SQ \text{ (Spalten)} &= z\mathop{S}_{k}(\bar{x}_{.k} - \bar{x})^2 .
\end{aligned}
\qquad (2)
$$

Die zwischen den Quadratsummen bestehenden Beziehungen findet man, indem man in der SQ (insgesamt)

$$
x_{jk} - \bar{x} = (x_{jk} - \bar{x}_{j.} - \bar{x}_{.k} + \bar{x}) + (\bar{x}_{j.} - \bar{x}) + (\bar{x}_{.k} - \bar{x})
$$

setzt. Quadriert man diesen Ausdruck und summiert nacheinander über j und k, so findet man, daß die Doppelprodukte alle gleich Null sind, und somit

$$
\mathop{SS}_{j\ k}(x_{jk} - \bar{x})^2 = \mathop{SS}_{j\ k}(x_{jk} - \bar{x}_{j.} - \bar{x}_{.k} + \bar{x})^2 + s\mathop{S}_{j}(\bar{x}_{j.} - \bar{x})^2 + z\mathop{S}_{k}(\bar{x}_{.k} - \bar{x})^2 . \qquad (3)
$$

Das linke Glied in (3) stellt die SQ (insgesamt) dar, das zweite Glied rechts die SQ (Zeilen), das dritte Glied rechts die SQ (Spalten). Das für die doppelte Streuungszerlegung kennzeichnende Glied ist das erste auf der rechten Seite von (3).

Der Ausdruck

$$
\mathop{SS}_{j\ k}(x_{jk} - \bar{x}_{j.} - \bar{x}_{.k} + \bar{x})^2 \qquad (4)
$$

verschwindet, wenn

$$
x_{jk} - \bar{x}_{j.} = \bar{x}_{.k} - \bar{x} \qquad \text{(für alle } j \text{ und } k) \qquad (5a)
$$

oder, was gleichwertig ist

$$
x_{jk} - \bar{x}_{.k} = \bar{x}_{j.} - \bar{x} \qquad \text{(für alle } j \text{ und } k) \qquad (5b)
$$

Die Quadratsumme (4) verschwindet demnach, wenn die Kurven der Werte für die verschiedenen Zeilen parallel verlaufen. Wenn die Ursachen, die für die Unterschiede zwischen den Zeilen verantwortlich sind, in jeder Spalte in derselben Weise und in gleichem Maße wirksam sind, werden die Zeilenwerte parallele Kurven ergeben und die SQ (4) wird Null. Je stärker dagegen die Unterschiede zwischen den Zeilen von Spalte zu Spalte voneinander abweichen, desto größer wird diese Quadratsumme; sie mißt demnach die *Wechselwirkung* zwischen Zeilen und Spalten.

Der Freiheitsgrad für die Wechselwirkung ist gleich dem Produkt der Freiheitsgrade der beiden Bestandteile; im Beispiel 1 somit $3 \cdot 4 = 12$, was wir auch als Differenz erhielten (Seite 36).

Im Feldversuch, von dem wir ausgegangen sind, wird man kaum eine Wechselwirkung zwischen Sorten und Blöcken erwarten müssen; wenn die Quadratsumme für die Wechselwirkung in derartigen Versuchen nicht gleich Null wird, so bedeutet dies, daß sie lediglich von der gleichen Größenordnung ist, wie der Versuchsfehler. Der Versuchsfehler entspricht in diesem Falle der Streuung zwischen den Erträgen von je zwei Parzellen desselben Blockes, auf denen dieselbe Sorte angepflanzt worden wäre.

In der folgenden Zusammenstellung zeigen wir, wie man die Ergebnisse einer doppelten Streuungszerlegung im allgemeinen übersichtlich darzustellen pflegt.

Streuung	Freiheitsgrad	Summe der Quadrate	Durchschnittsquadrat
Zwischen Blöcken	3	28 201,0	9400,3
Zwischen Sorten	4	13 179,2	3294,8
Rest	12	8 492,0	707,7
Insgesamt	19	49 872,2	. . .

Um zu prüfen, ob die Erträge der fünf Sorten voneinander abweichen, berechnet man

$$F = 3294,8 : 707,7 = 4,656\,.$$

Falls zwischen den Sorten keine Unterschiede im Ertrag bestünden, würde das Verhältnis der beiden Durchschnittsquadrate der F-Verteilung mit $n_1 = 4$ und $n_2 = 12$ entsprechen; die Werte – siehe Tafel II –

$$F_{0,05} = 3,26 \quad \text{und} \quad F_{0,01} = 5,41$$

würden somit in 5%, beziehungsweise 1% aller Fälle überschritten. Da der berechnete Wert von F gleich 4,656 ist, bestehen demnach gesicherte Unterschiede in den Erträgen der fünf Sorten.

Nach den Ausführungen von 034.3 kann man ohne Schwierigkeit prüfen, ob der Unterschied der Erträge zwischen zwei bestimmten Sorten gesichert ist. Wir benützen zu diesem Zweck am besten die Formel (7) von 034.1, also

$$t = \frac{S_{x'} - S_{x''}}{s\,\sqrt{2\,N_1}}\,, \tag{6}$$

da wir ja die Summen der Erträge bereits kennen.

Will man beispielsweise die Unterschiede der Erträge für die Sorten Huron und Pilot prüfen, so hat man

Sorte	Erträge	
Huron	1688	$s^2 = 707{,}7$
Pilot	1504	$N_1 = 4$
Unterschied	184	

und somit

$$t = \frac{184}{\sqrt{707{,}7 \cdot 2 \cdot 4}} = \frac{184}{\sqrt{5661{,}6}} = \frac{184}{75{,}24}$$

$$t = 2{,}446 \; .$$

Falls zwischen den Sorten kein Unterschied bestünde, wäre der Wert t verteilt entsprechend der t-Verteilung mit $n = 12$ Freiheitsgraden. Der Freiheitsgrad, den man zu berücksichtigen hat, ist der zu dem Wert s^2 gehörige, der in der Formel (6) benützt wurde.

Mit $n = 12$ findet man in der Tafel I

$$t_{0,05} = 2{,}179 \; .$$

Das berechnete t ($= 2{,}446$) ist größer als $t_{0,05}$; der Unterschied zwischen den Sorten Huron und Pilot ist demnach gesichert.

Dieselbe Rechnung kann man für andere Vergleiche ausführen. Einfacher geht man aber so vor, daß der *kleinste gesicherte Unterschied* zwischen zwei Sorten ein für allemal ermittelt wird, indem man (6) nach $Sx' - Sx''$ auflöst und für t den Wert für die Sicherheitsgrenze $t_{0,05}$ einsetzt.

$$(Sx' - Sx'')_{0,05} = t_{0,05} \, s \, \sqrt{2 N_1} \tag{7}$$

Für das Beispiel erhält man

$$(Sx' - Sx'')_{0,05} = 2{,}179 \cdot 75{,}244 = 164{,}0 ,$$

so daß ein Unterschied im Ertrag zweier Sorten als gesichert anzusehen ist, wenn er größer ist als 164,0 (in 10 kg/ha ausgedrückt).

13 Vergleich mit Versuchen in völlig zufälliger Anordnung

Einer der Vorteile richtig geplanter Versuche besteht darin, daß aus den Ergebnissen entnommen werden kann, ob der Versuchsplan der zweckmäßigste war. In erster Linie möchte man wissen, ob das Zusammenfassen von Versuchseinheiten in Gruppen wirklich eine Erhöhung der Empfindlichkeit des Versuches bewirkt hat. Für das in 11 angeführte Beispiel 2 wird man sich also fragen, ob die Empfindlichkeit des Versuches größer sei, als wenn man die fünf Sorten unter den 20 Parzellen völlig zufällig angeordnet hätte, statt die Parzellen in vier Blöcke von je 5 unter sich homogener Parzellen zusammenzufassen, und die Sorten dann zufällig innerhalb der Blöcke anzuordnen.

Die Streuungszerlegung des völlig zufällig angeordneten Versuches sieht schematisch so aus:

Streuung	Freiheitsgrad
Zwischen den Sorten	4
Innerhalb der Sorten	15
Insgesamt	19

Wie läßt sich aus den Ergebnissen des Versuches, wie er in Wirklichkeit durchgeführt wurde, die Streuung „Innerhalb der Sorten" für die obige Streuungszerlegung ermitteln? Die Antwort ergibt sich aus folgender einfacher Überlegung. Hätte es sich in unserem Versuch um einen „Blindversuch" gehandelt, wäre also auf allen Parzellen dieselbe Sorte angepflanzt worden, so müßte man in der Streuungszerlegung von 12 (Seite 38) als Durchschnittsquadrat „Zwischen den Sorten" im wesentlichen dasselbe erwarten wie für das restliche Durchschnittsquadrat. Das gesamte Durchschnittsquadrat in einem solchen Blindversuch ergäbe demnach die beste uns zur Verfügung stehende Schätzung für das Durchschnittsquadrat innerhalb der Sorten.

In der Streuungszerlegung von 12 erhielten wir:

Streuung	Freiheitsgrad		Durchschnittsquadrat
Zwischen Blöcken	3	$(b-1)$	9 400,3
Zwischen Sorten	4	$(s-1)$	3 294,8
Rest	12	$(b-1)(s-1)$	707,7
Insgesamt	19	$(bs-1)$	. . .

Die Streuung innerhalb der Sorten für den entsprechenden, völlig zufällig angeordneten Versuch berechnet man nach der Formel

DQ (innerhalb der Sorten) =

$$\frac{[(s-1) + (b-1)(s-1)]\, DQ\ (\text{Rest}) + (b-1)\, DQ\ (\text{Blöcke})}{bs-1} \tag{1}$$

oder also

$$DQ \text{ (innerhalb Sorten)} = \frac{b\,(s-1)\,DQ \text{ (Rest)} + SQ \text{ (Blöcke)}}{b\,s-1}. \qquad (2)$$

Also ergibt sich für unser Beispiel

$$DQ \text{ (Innerhalb Sorten)} = \frac{16 \cdot 707,7 + 3 \cdot 9400,3}{19}$$

$$= \frac{39\,524,1}{19} = 2\,080,2\,.$$

Der völlig zufällig angeordnete Versuch hätte demnach – mit dem gleichen Versuchsmaterial und unter den gleichen Bedingungen – ein DQ (innerhalb der Sorten), oder eine Versuchsstreuung von 2080,2 ergeben.

Um die beiden Versuchspläne zu vergleichen, berechnet man das Verhältnis der Versuchsstreuungen, den sogenannten *relativen Wirkungsgrad;* er beträgt hier

$$\frac{2\,080,2}{707,7} = 2,939.$$

Dabei ist indessen noch nicht berücksichtigt, daß bei gleicher Zahl von Versuchseinheiten die Freiheitsgrade in den beiden Versuchsplänen verschieden sind. Wie R. A. FISHER gezeigt hat, benützt man am besten folgende Formel um diesem Umstand Rechnung zu tragen:

$$\text{Relativer Wirkungsgrad} = \frac{(n_1 + 1)\,(n_2 + 3)\,s_2^2}{(n_2 + 1)\,(n_1 + 3)\,s_1^2} \qquad (3)$$

Für unser Beispiel hat man

$$n_1 = 12, \quad n_2 = 15, \quad s_1^2 = 707,7, \quad s_2^2 = 2080,2$$

und somit

$$\text{Relativer Wirkungsgrad} = \frac{13 \cdot 18 \cdot 2080,2}{16 \cdot 15 \cdot 707,7} = 2,866\,.$$

Der Versuch in Blöcken mit zufälliger Anordnung hat demnach gegenüber dem Versuch mit völlig zufälliger Anordnung einen relativen Wirkungsgrad von 2,866, oder von 286,6%. Man kann dieses Ergebnis auch so ausdrücken: Um ohne die Anordnung in Blöcken dieselbe Genauigkeit zu erzielen, müßte man statt 20 nicht weniger als $20 \cdot 2,866$, also rund 57 Parzellen gleicher Größe verwenden.

14 Fehlende Angaben

In 12 wurde die Auswertung eines Versuches in Blöcken mit zufälliger Anordnung erörtert. Dabei wurde stillschweigend vorausgesetzt, daß die Erträge für jede Parzelle bekannt sind. Es kommt indessen ab und zu vor, daß die Erträge aus einer, oder sogar mehreren Parzellen fehlen.

Wenn mehrere Erträge desselben Blockes ausfallen, wird man einfach die Ergebnisse für diesen Block weglassen, die restlichen Blöcke ergeben einen Versuch, den man nach dem in 12 angegebenen Verfahren auswerten kann. Dasselbe gilt, wenn mehrere Parzellen für dieselbe Sorte fehlen; man läßt dann einfach die Erträge für diese Sorte weg und wertet den Versuch für die übrigen Sorten aus.

Sind dagegen die ausfallenden Parzellen über verschiedene Blöcke und Sorten verteilt, so behilft man sich so, daß man die fehlenden Erträge aus den vorhandenen zu schätzen sucht. Um auch hier möglichst objektiv zu bleiben, bestimmt man den oder die fehlenden Werte derart, daß die Summe der Quadrate für den Rest möglichst klein ausfällt. Der Freiheitsgrad für den Rest muß dann für jeden geschätzten Wert um 1 herabgesetzt werden.

Beispiel 3. Sommerweizenversuch Schlenis 1949 (Eidgenössische landwirtschaftliche Versuchsanstalt Zürich-Oerlikon).

Körnererträge in 10 kg/ha, reduziert auf 14% Wassergehalt

Block	Sorte					Insgesamt
	Huron	Pilot	Regent	Newthatch	Coronation	
I	351	360	323	301	346	1681
II	347	326	283	319	334	1609
III	370	347	327	301	319	1664
IV	410	332	284	389	...	(1415)
Zusammen	1478	1365	1217	1310	(999)	(6369)

Um die Formel für den Ersatzwert abzuleiten, geht man wie folgt vor. Man setzt x an die Stelle des fehlenden Wertes und berechnet die Summen der Quadrate für die Streuungszerlegung. Man erhält:

SQ (insgesamt) $=$

$$351^2 + 347^2 + \ldots + 334^2 + 319^2 + x^2 - (6369 + x)^2/20;$$

SQ (Zwischen Blöcken) $=$

$$[1681^2 + 1609^2 + 1664^2 + (1415 + x)^2]/5 - (6369 + x)^2/20;$$

SQ (Zwischen Sorten) $=$

$$[1478^2 + 1365^2 + 1217^2 + 1310^2 + (999 + x)^2]/4 - (6369 + x)^2/20;$$

Für die gesuchte SQ (Rest) hat man wie gewohnt SQ (insgesamt) — SQ (Zwischen Blöcken) — SQ (Zwischen Sorten). Davon sind für das weitere nur jene Glieder von Bedeutung, die x enthalten; diese lauten

$$x^2 - (1415 + x)^2/5 - (999 + x)^2/4 + (6369 + x)^2/20. \tag{1}$$

Um die Formel zur Bestimmung von x in allgemeiner Form zu finden, ersetzen wir die Zahlenwerte durch passend gewählte Bezeichnungen, nämlich

$B \;(= 1415)$	Gesamtertrag des Blockes mit fehlendem Wert;
$V \;(= \;\;999)$	Gesamtertrag der Sorte mit fehlendem Wert;
$T \;(= 6369)$	Gesamtertrag aller Parzellen;
$b \;(= \;\;\;\;4)$	Zahl der Blöcke;
$v \;(= \;\;\;\;5)$	Zahl der Sorten (allgemein: Verfahren);
$N = bv \;(= 20)$	Gesamtzahl der Parzellen.

Damit wird aus (1)

$$x^2 - (B + x)^2/v - (V + x)^2/b + (T + x)^2/N , \tag{2}$$

und daraus findet man durch Ableiten und Nullsetzen

$$x = \frac{bB + vV - T}{(b-1)\,(v-1)} . \tag{3}$$

Mit den Zahlen von Beispiel 3 findet man

$$x = \frac{4 \cdot 1415 + 5 \cdot 999 - 6369}{3 \cdot 4} = \frac{4286}{12} = 357$$

als Schätzung für den fehlenden Wert. Man führt nun mit diesem Wert die Streuungszerlegung durch, hat dann aber für die SQ (Rest) nicht 12, sondern 11 Freiheitsgrade.

Um die Unterschiede zwischen den durchschnittlichen Erträgen der einzelnen Sorten zu prüfen, bedienen wir uns der beiden folgenden Formeln, wobei die erste der Formel (6) in 034.1 entspricht.

a) Unterschied zweier Durchschnitte ohne fehlende Parzelle:

$$t = \frac{\bar{x}' - \bar{x}''}{s\,\sqrt{\dfrac{2}{b}}} ; \qquad n = (b-1)\,(v-\,1) - 1; \tag{4a}$$

b) Unterschied zweier Durchschnitte, wobei in dem einen der fehlende Wert für eine Parzelle geschätzt wurde:

$$t = \frac{\bar{x}' - \bar{x}''}{s\,\sqrt{\dfrac{2}{b} + \dfrac{v}{b\,(b-1)\,(v-1)}}} ; \qquad n = (b-1)\,(v-1) - 1. \tag{4b}$$

15 Mehrfache Streuungszerlegung

Die doppelte Streuungszerlegung, die in 12 dargestellt ist, kann unschwer verallgemeinert werden. In der Tat gibt es Versuche, deren Auswertung sich etwas verwickelter gestaltet als es in den bisher besprochenen Beispielen der Fall war. Wir begnügen uns hier damit, die Einzelheiten für eine dreifache Streuungszerlegung zu besprechen.

Beispiel 4. Deckfruchtversuch (Institut für Pflanzenbau an der Eidgenössischen Technischen Hochschule Zürich).

Für vier Deckfrüchte und drei Einsaaten, nämlich

Deckfrüchte	Einsaaten
G Sommergerste	*J* Italienisches Reigras
W Sommerweizen	*F* Fromental
H Hafer	*M* Mischung (Luzerne mit Fromental)
O Keine Deckfrucht	

sollte der Einfluß der Deckfrüchte auf die Einsaaten untersucht werden. Da alle Kombinationen zwischen Deckfrüchten und Einsaaten gleich wichtig schienen und daher mit gleicher Genauigkeit ermittelt werden sollten, mußten innerhalb eines Blockes zwölf Parzellen vorgesehen werden. Die zwölf Verfahren wurden den Parzellen eines Blockes zufällig zugeteilt.

Plan und Zahl der Einsaat-Pflanzen auf 9 Quadratfuß Fläche

Block I

W F 458	*G M* 454
O J 727	*W M* 410
W J 716	*G J* 724
H M 536	*H F* 421
O M 607	*G F* 502
O F 657	*H J* 596

Block II

O M 402	*W J* 412
H F 305	*H M* 272
O F 414	*G F* 461
O J 497	*G J* 409
W F 550	*G M* 282
H J 616	*W M* 253

Block III

W J 686	*O J* 490
H F 474	*G F* 494
H J 629	*G J* 708
O F 419	*W F* 450
H M 262	*W M* 290
G M 315	*O M* 389

Block IV

G F 443	*O J* 689
H M 477	*G M* 377
H J 740	*H F* 450
W F 493	*O M* 513
G J 678	*O F* 471
W M 454	*W J* 630

Um festzustellen, ob zwischen den zwölf Verfahren gesicherte Unterschiede bestehen, kann man die Ergebnisse mittels einer Streuungszerlegung, wie sie in 12 angegeben ist, untersuchen. Zu diesem Zwecke stellen wir die Ergebnisse nach den zwölf Verfahren geordnet zusammen, wobei wir noch einige Zwischensummen beifügen, die wir später benötigen.

| Verfahren | | Block | | | | Zusammen |
Deckfrucht	Einsaat	I	II	III	IV	
G	J	724	409	708	678	2519
W	J	716	412	686	630	2444
H	J	596	616	629	740	2581
O	J	727	497	490	689	2403
		2763	1934	2513	2737	9947
G	F	502	461	494	443	1900
W	F	458	550	450	493	1951
H	F	421	305	474	450	1650
O	F	657	414	419	471	1961
		2038	1730	1837	1857	7462
G	M	454	282	315	377	1428
W	M	410	253	290	454	1407
H	M	536	272	262	477	1547
O	M	607	402	389	513	1911
		2007	1209	1256	1821	6293
G	Summe	1680	1152	1517	1498	5847
W	,,	1584	1215	1426	1577	5802
H	,,	1553	1193	1365	1667	5778
O	,,	1991	1313	1298	1673	6275
Summe		6808	4873	5606	6415	23702

Die Streuungszerlegung mit vier Blöcken und zwölf Verfahren führt zu den nachstehenden Ergebnissen.

Streuung	Freiheitsgrad	Summe der Quadrate	Durchschnittsquadrat
Zwischen Blöcken	3	185688	61896
Zwischen Verfahren	11	496863	45169
Rest	33	195999	5939
Insgesamt	47	878550	. . .

Indem man das Verhältnis der Durchschnittsquadrate zwischen den Verfahren und für den Rest ermittelt, überzeugt man sich, daß gesicherte Unterschiede zwischen den Verfahren bestehen; es ist

$$F = 45\,169 : 5\,939 = 7{,}605,$$

welcher Wert mit $F_{0,01}$ aus der Tafel II zu vergleichen ist. Mit $n_1 = 11$ und $n_2 = 33$ stellt man fest, daß $F_{0,01}$ annähernd gleich 2,8 ist.

Des weiteren kann man die Unterschiede zwischen den zwölf Verfahren paarweise prüfen. Andererseits möchte man natürlich auch die Unterschiede zwischen den Deckfrüchten und zwischen den Einsaaten prüfen. Dies kann selbstverständlich auch an Hand der Formel (6) von 12 geschehen. Indessen können die zwölf Verfahren auch durch eine doppelte Streuungszerlegung untersucht werden, indem man dazu auf die Summenwerte in der letzten Spalte auf der Zusammenstellung auf Seite 45 zurückgreift. Dabei muß man berücksichtigen, daß jeder dieser Summenwerte aus vier Einzelwerten zusammengesetzt ist. Man findet so:

Streuung	Freiheitsgrad	Summe der Quadrate	Durchschnittsquadrat
Zwischen Deckfrüchten	3	13777	4592
Zwischen Einsaaten	2	435281	217641
Wechselwirkung (DE)	6	47805	7968
Zwischen Verfahren	11	496863	. . .

Die drei Durchschnittsquadrate sind mit dem Druchschnittsquadrat für den Rest, DQ (Rest) $= 5939$ zu vergleichen. Man erkennt, daß nur zwischen den Einsaaten gesicherte Unterschiede bestehen.

Für das Beispiel 4 würde die angegebene Auswertung genügen; um aber ein tieferes Verständnis der Verhältnisse zu erreichen, wollen wir die Zahlen des Beispiels noch auf andere Art untersuchen. In der Tat kann die Zusammenstellung auf Seite 45 als eine Tafel mit dreifachem Eingang angesehen werden, die nach Blöcken, Deckfrüchten und Einsaaten geordnet ist. Die Zusammenstellung enthält auch die Summen nach Blöcken, nach Deckfrüchten und nach Einsaaten, aus denen die Summen der Quadrate für diese drei Gruppierungen, und ihre Wechselwirkungen berechnet werden können. Schreiben wir für die Blöcke B, für die Deckfrüchte D und für die Einsaaten E, und bezeichnen wir die Wechselwirkungen mit BD, BE, DE, so ergeben

die Summen über   eine Tafel mit doppeltem Eingang, aus denen

$$
\begin{array}{ll}
B & D;\ E;\ DE; \\
D & B;\ E;\ BE; \\
E & B;\ D;\ BD
\end{array}
$$

zu berechnen sind. Die Summen der Quadrate für B, D, E und DE sind oben schon berechnet worden; es bleiben diejenigen für BE und BD zu ermitteln.

Subtrahiert man von der SQ (insgesamt) die Summen der Quadrate, die bisher besprochen wurden, so bleibt als Rest eine Summe der Quadrate mit 18 Freiheitsgraden. Wie wir noch näher erläutern werden, handelt es sich dabei um die Summe der Quadrate für die Wechselwirkung BDE. Zu beachten ist, daß der Freiheitsgrad auch hier gleich dem Produkt der Freiheitsgrade der drei Bestandteile ist ($18 = 3 \cdot 3 \cdot 2$). Das Ergebnis dieser Berechnungen kann folgendermaßen dargestellt werden:

Streuung	Freiheitsgrad	Summe der Quadrate	Durchschnitts-quadrat
Zwischen Blöcken	3	185 688	61 896
Zwischen Deckfrüchten	3	13 777	4 592
Zwischen Einsaaten	2	435 281	217 641
Wechselwirkungen			
BD	9	46 497	5 166
BE	6	58 564	9 761
DE	6	47 805	7 968
BDE	18	90 938	5 052
Insgesamt	47	878 550	. . .

In 12 wurde erläutert, wie die Wechselwirkung aufgebaut ist. Dies sei hier kurz wiederholt, indem wir folgende Bezeichnungen benützen:

x_{BDE} Beobachteter Wert in Block B, mit Deckfrucht D und Einsaat E;

$\bar{x}_{.DE}$ Durchschnitt der x_{BDE} über alle Blöcke;

$\bar{x}_{B.E}$ Durchschnitt der x_{BDE} über alle Deckfrüchte;

$\bar{x}_{BD.}$ Durchschnitt der x_{BDE} über alle Einsaaten;

$\bar{x}_{..E}$ Durchschnitt der x_{BDE} über alle Blöcke und Deckfrüchte;

$\bar{x}_{.D.}$ Durchschnitt der x_{BDE} über alle Blöcke und Einsaaten;

$\bar{x}_{B..}$ Durchschnitt der x_{BDE} über alle Deckfrüchte und Einsaaten;

$\bar{x}$ Gesamtdurchschnitt aller x_{BDE} .

Die Summe der Quadrate der Wechselwirkung DE zwischen Deckfrüchten und Einsaaten ist aufgebaut aus 12 Gliedern von der Form

$$\bar{x}_{.DE} - \bar{x}_{.D.} - \bar{x}_{..E} + \bar{x} \tag{1}$$

oder, was dasselbe ist

$$(\bar{x}_{.DE} - \bar{x}_{.D.}) - (\bar{x}_{..E} - \bar{x}) . \tag{2}$$

Der Aufbau der Glieder, aus denen die SQ (BDE) zusammengesetzt ist, folgt in einfachster Weise, wenn wir den Ausdruck (2) für den Block B anschreiben, und davon (2) subtrahieren, also

$$[(x_{BDE} - \bar{x}_{BD.}) - (\bar{x}_{B.E} - \bar{x}_{B..})] - [(\bar{x}_{.DE} - \bar{x}_{.D.}) - (\bar{x}_{..E} - \bar{x})] =$$

$$= x_{BDE} - \bar{x}_{BD.} - \bar{x}_{B.E} - \bar{x}_{.DE} + \bar{x}_{B..} + \bar{x}_{.D.} + \bar{x}_{..E} - \bar{x} \,. \qquad (3)$$

Die Summe der Quadrate der Wechselwirkung BDE verschwindet, wenn die Wechselwirkung DE für jeden Block dieselbe ist wie für den Durchschnitt über alle Blöcke.

In der Formel (3) lassen sich auf der linken Seite B, D und E zyklisch vertauschen; man findet demnach zwei weitere Definitionen der Wechselwirkung BDE, wenn man statt von DE von BE oder von BD ausgeht.

Die Wechselwirkung von vier oder mehr Gruppierungen kann als Verallgemeinerung von (3) ohne Schwierigkeit angegeben werden. Indessen sind der Verwendung derartiger höherer Wechselwirkungen enge Grenzen gesetzt, indem es in der Regel schwierig ist, ihnen eine praktische Bedeutung zu geben.

Was die Wechselwirkungen BD, BE und DE im Beispiel 4 betrifft, unterscheiden sich diese alle nur wenig von der Wechselwirkung BDE. Eine Prüfung mittels F zeigt, daß die Unterschiede nur zufällig sind. Für BD und BE ist dies ohne weiteres zu erwarten, da in einem Feldversuch in der Regel die Unterschiede zwischen den Verfahren in den einzelnen Blöcken nur zufällig voneinander abweichen. Infolgedessen wird man die Summen der Quadrate BD, BE und BDE zusammenfassen. Der Versuchsfehler hat somit $9 + 6 + 18 = 33$ Freiheitsgrade. Das ist aber gerade der Versuchsfehler, den wir in der ersten Streuungszerlegung auf Seite 45 erhalten haben.

16 Orthogonale Vergleiche

Die Methode der orthogonalen Vergleiche erlaubt uns, eine Summe von Quadraten weiter zu zerlegen, und zwar kann man mit dieser Zerlegung so weit gehen, daß jedem einzelnen Freiheitsgrad ein Teil der Summe der Quadrate entspricht. Diese Zerlegung ist nicht eindeutig; sie kann je nach Bedarf in verschiedener Weise durchgeführt werden. Wir veranschaulichen das Verfahren am Beispiel 5, um anschließend die allgemeinen Regeln anzugeben.

Beispiel 5. Weidedüngungsversuch Malixeralp (Kantonsforstinspektorat Graubünden, Chur).

Der Einfluß der Weidedüngung wurde in einem Versuch in Blöcken mit zufälliger Anordnung untersucht, wobei die sechs Verfahren in fünf Blöcken wiederholt wurden. Der Versuch, der an mehreren Orten ausgeführt wurde, soll auf verschiedene Fragen Auskunft geben, unter anderem wurde auch ermittelt, ob ein Einfluß der Düngung bestehe auf die Zeitdauer, während welcher zwei Kühe auf den verschiedenen Parzellen fraßen. Die Art der Düngung ist aus den nachstehenden Angaben ersichtlich.

Bezeichnung	Düngergaben in kg je Are			
	Kalk, gebrannt	Thomas-mehl	Kalisalz 30%	Harnstoff „Hovag"
O	—	—	—	—
C	10	—	—	—
PKC	10	6	6	—
N_1PKC	10	6	6	0,7
N_2PKC	10	6	6	1,4
N_3PKC	10	6	6	2,1

Die Ergebnisse des Versuches lauten wie folgt:

Summe der Zeiten für zwei Kühe, in $^1/_{10}$ Minuten

Block	O	C	PKC	N_1PKC	N_2PKC	N_3PKC	Summe
I	84	62	80	91	118	167	602
II	6	—	39	112	119	117	393
III	47	68	57	47	92	92	403
IV	52	102	160	94	156	128	692
V	34	85	54	115	60	104	452
Summe	223	317	390	459	545	608	2542

Diese Ergebnisse können wir zunächst der üblichen Streuungszerlegung unterziehen, was zu folgenden Ergebnissen führt.

Streuung	Freiheitsgrad	Summe der Quadrate	Durchschnitts-quadrat
Zwischen Blöcken	4	11 679,534	2 919,884
Zwischen Düngern	5	20 545,467	4 109,093
Rest	20	18 148,866	907,443
Insgesamt	29	50 373,867	. . .

In der üblichen Weise stellt man unschwer fest, daß die Unterschiede zwischen den Düngern gesichert sind. Wenn wir wissen wollen, welche Unterschiede gesichert sind, können wir uns mit Vorteil orthogonaler Vergleiche bedienen. In erster Linie vergleichen wir alle Parzellen, die Dünger erhielten, mit jenen, die ungedüngt blieben. Sodann vergleichen wir die Parzellen, die nur C erhielten, mit jenen, die außerdem noch anderen Dünger erhielten. Weiter vergleichen wir die Parzellen, die nur PKC erhielten, mit jenen, die zudem noch N erhielten. Die beiden letzten Vergleiche betreffen die verschiedenen Mengen von N. Einmal kann man untersuchen, wie N_3PKC gegenüber N_1PKC gewirkt hat; damit erhält man eine Schätzung der Steigerung der Wirkung im ganzen Bereich der Änderung der Harnstoffdüngung, was man als lineare Komponente dieser Düngung bezeichnet. Endlich kann man noch die Parzellen, die N_2PKC erhielten, allen jenen gegenüberstellen, die N_1PKC oder N_3PKC erhielten. Wenn die Wirkung des Harnstoffs proportional der Menge wäre, müßte dieser letzte Vergleich, abgesehen vom Versuchsfehler, Null ergeben; er mißt somit die quadratische Komponente.

Die fünf Vergleiche kann man übersichtlich darstellen, indem man die Koeffizienten zusammenstellt, mit denen die Summen der Werte für die einzelnen Verfahren zu multiplizieren sind, damit man die verschiedenen Vergleiche erhält.

Bezeich-nung	Vergleich	O	C	PKC	N_1PKC	N_2PKC	N_3PKC
V_1	Ohne/mit Dünger	—5	+1	+1	+1	+1	+1
V_2	$Ca/$ übrige Dünger	0	—4	+1	+1	+1	+1
V_3	$PKC/$ N-Dünger	0	0	—3	+1	+1	+1
V_4	N, lineare Komponente . .	0	0	0	—1	0	+1
V_5	N, quadratische Kompon. .	0	0	0	—1	+2	—1

Diesem Schema entsprechend bildet man die folgenden Ausdrücke:

$$V_1 = 317 + 390 + 459 + 545 + 608 - 5 \cdot 223 = 1204$$

$$V_2 = 390 + 459 + 545 + 608 - 4 \cdot 317 = 734$$

$$V_3 = 459 + 545 + 608 - 3 \cdot 390 = 442$$

$$V_4 = 608 - 459 = 149$$

$$V_5 = 2 \cdot 545 - 459 - 608 = 23$$

Für jeden dieser Vergleiche kann man in einfachster Weise eine „Summe der Quadrate" berechnen, die dann zusammen die Summe der Quadrate zwischen den Düngern ergeben. Man braucht zu diesem Zwecke lediglich die Quadrate der V durch eine Zahl zu dividieren, die man als die Summe der Quadrate der Koeffizienten für den betreffenden Vergleich findet. Man hat also

Vergleich	Divisor
V_1	$5^2 + 1^2 + 1^2 + 1^2 + 1^2 + 1^2 = 30$
V_2	$4^2 + 1^2 + 1^2 + 1^2 + 1^2 = 20$
V_3	$3^2 + 1^2 + 1^2 + 1^2 = 12$
V_4	$1^2 \qquad + 1^2 = 2$
V_5	$1^2 + 2^2 + 1^2 = 6$

Nun sind aber die V berechnet auf der Grundlage der Summen aus je fünf Einzelwerten, so daß jeder der oben angegebenen Divisoren mit 5 zu multiplizieren ist. Somit erhält man die SQ wie folgt:

Vergleich	Summe der Quadrate		
V_1	$1204^2/5 \cdot 30 =$	$1\,449\,616/150 =$	$9\,664,107$
V_2	$734^2/5 \cdot 20 =$	$538\,756/100 =$	$5\,387,560$
V_3	$442^2/5 \cdot 12 =$	$195\,364/60 =$	$3\,256,067$
V_4	$149^2/5 \cdot 2 =$	$22\,201/10 =$	$2\,220,100$
V_5	$23^2/5 \cdot 6 =$	$529/30 =$	$17,633$
Summe			$20\,545,467$

Wir stellen zunächst fest, daß die Summe der so berechneten Ausdrücke der SQ (Zwischen Düngern) in der Streuungszerlegung gleich ist. Überdies entspricht jeder der obigen Ausdrücke einem Freiheitsgrad.

Um also beispielsweise zu prüfen, ob die Zeiten auf den Parzellen ohne Düngung wesentlich oder nur zufällig kleiner seien als auf den Parzellen mit Düngung, genügt es, das Verhältnis

$$F = 9\,664,107 : 907,443 = 10,650$$

zu berechnen und dies mit den Werten aus der Tafel II mit $n_1 = 1$ und $n_2 = 20$ zu vergleichen. In der Tafel II findet man zu diesen Freiheitsgraden

$$F_{0,05} = 4,35 \; ; \qquad F_{0,01} = 8,10 \, .$$

Die Düngung hat demnach einen stark gesicherten Unterschied bewirkt. In der gleichen Weise können die übrigen Unterschiede geprüft werden. Andererseits kann man natürlich auch das Produkt

$$907,443 \, F_{0,05} = 907,443 \cdot 4,35 = 3947,4$$

oder

$$907,443 \cdot F_{0,01} = 907,443 \cdot 8,10 = 7350,3$$

bilden und die oben für die einzelnen Vergleiche berechneten SQ damit vergleichen.

Weshalb ist nun die Summe der SQ der fünf Vergleiche gerade gleich der SQ (Zwischen Düngern)? Der Grund ist darin zu suchen, daß die fünf Vergleiche *orthogonal* sind. Zwei Vergleiche

$$V_a = k_1 x_1 + k_2 x_2 + \cdots + k_i x_i + \cdots + k_N x_N , \qquad (1\,\text{a})$$

$$V_b = l_1 x_1 + l_2 x_2 + \cdots + l_i x_i + \cdots + l_N x_N \qquad (1\,\text{b})$$

sind zueinander orthogonal, wenn

$$\underset{i}{S} k_i = 0 \ ; \quad \underset{i}{S} l_i = 0 \qquad (2)$$

und

$$\underset{i}{S} k_i\, l_i = 0 . \qquad (3)$$

Wenn alle fünf Vergleiche gegenseitig orthogonal sind, so ergeben die Summen der

$$V^2 / (k_1^2 + k_2^2 + \cdots + k_N^2) \qquad (4)$$

zusammen die Summe der Quadrate zwischen den Verfahren. Jeder der Ausdrücke (4) entspricht einem Freiheitsgrad.

Die Koeffizienten der fünf Vergleiche, die wir im Beispiel 5 verwendeten, genügen den Bedingungen (2). Ebenso genügen sie paarweise genommen den Bedingungen (3), wie man leicht nachprüfen kann. Sie sind somit gegenseitig orthogonal.

Gegenseitig orthogonale Vergleiche sind in einem gewissen Sinne auch voneinander *unabhängig*. Dies kann man sich am Beispiel 5 etwa durch folgende Überlegung vergegenwärtigen. Den Vergleich V_1 hatten wir durch Vergleich der Null-Parzellen mit allen übrigen Parzellen erhalten. Der Wert V_1 würde größer ausfallen, wenn die Zeiten auf jeder gedüngten Parzelle beispielsweise um 10 höher, auf jeder ungedüngten um 10 niedriger wären. Alle übrigen Vergleiche dagegen würden durch diese Änderung der Zeiten aber in keiner Weise berührt. Dieselbe Überlegung können wir für jeden Vergleich wiederholen. Wir werden immer finden, daß die gegenseitig orthogonalen Vergleiche auch voneinander unabhängig sind.

17 Zwei Verfahren: Anordnen in Paaren

Der Sonderfall, in dem nur zwei Verfahren zu vergleichen sind, verdient aus zwei Gründen besonders besprochen zu werden. Erstens vereinfachen sich einige Berechnungen in der Streuungszerlegung und zweitens begegnet man dem Fall mit zwei Verfahren verhältnismäßig oft.

Beispiel 6. Einfluß einer Honigkur auf den Hämoglobingehalt bei Kindern (P. EMRICH).

Sechs Zwillingspaare wurden in den Versuch einbezogen. Je einer der Zwillingspartner erhielt außer der üblichen Kost im Ferienheim regelmäßig einen Eßlöffel Honig als Beigabe zur Neun-Uhr-Milch.

Zunahme des Hämoglobingehaltes innert 6 Wochen

Paar	Mit	Ohne	Summe	Unterschied
	Honigkur			
I	19	14	33	+ 5
II	12	8	20	+ 4
III	9	4	13	+ 5
IV	17	4	21	+13
V	24	11	35	+13
VI	22	15	37	+ 7
Summe	103	56	159	+47

Die Streuungszerlegung geht genau so vor sich, wie dies im Abschnitt 12 besprochen wurde. Die Zwillingspaare entsprechen den Blöcken.

Für die gesamte Summe der Quadrate mit 11 Freiheitsgraden findet man

$$SQ \text{ (insgesamt)} = 19^2 + 12^2 + \ldots + 11^2 + 15^2 - 159^2/12 = 466{,}250 .$$

Die Summe der Quadrate zwischen den Verfahren könnte man berechnen als

$$SQ \text{ (Verfahren)} = (103^2 + 56^2)/6 - 159^2/12 = 184{,}083 .$$

Da aber mit zwei Werten x_1, x_2 und dem Durchschnitt $\bar{x} = (x_1 + x_2)/2$

$$(x_1 - \bar{x})^2 + (x_2 - \bar{x})^2 = \left(\frac{2x_1 - x_1 - x_2}{2}\right)^2 + \left(\frac{2x_2 - x_1 - x_2}{2}\right)^2$$

$$= 2 (x_1 - x_2)^2/4 = (x_1 - x_2)^2/2 ,$$

errechnet man die durch die Honigkur bedingte Summe der Quadrate einfacher wie folgt:

$$SQ \text{ (Verfahren)} = 47^2/2 \cdot 6 = 2209/12 = 184{,}083 .$$

Den Faktor 6 hat man beizufügen, weil die Summen 103 und 56 aus je sechs Einzelwerten ermittelt wurden.

Die Summe der Quadrate zwischen den Blöcken entspricht hier der Summe der Quadrate zwischen den Paaren; sie wird berechnet als

$$SQ \text{ (Zwischen Paaren)} = (33^2 + 20^2 + 13^2 + 21^2 + 35^2 + 37^2)/2 - 159^2/12$$

$$= 239{,}750 \, .$$

Demnach sieht die Streuungszerlegung so aus:

Streuung	Freiheitsgrad	Summe der Quadrate	Durchschnittsquadrat
Zwischen Paaren	5	239,750	47,950
Zwischen Verfahren	1	184,083	184,083
Rest	5	42,417	8,483
Insgesamt	11	466,250	. . .

Die restliche Summe der Quadrate, die der Wechselwirkung zwischen Verfahren und Paaren entspricht, läßt sich bei nur zwei Verfahren unschwer auch unmittelbar ausrechnen. Die Wechselwirkung mißt die Streuung der Unterschiede in der Wirkung der Verfahren von Paar zu Paar. Die SQ (Rest) kann demnach als Summe der Quadrate der Abweichungen dieser Unterschiede gegenüber dem durchschnittlichen Unterschied berechnet werden. Also:

$$SQ \text{ (Rest)} = (5^2 + 4^2 + 5^2 + 13^2 + 13^2 + 7^2)/2 - 47^2/12 = 42{,}417 \, .$$

Abgesehen von diesen rechnerischen Vereinfachungen verdient das Beispiel noch in zweierlei Hinsicht Beachtung. Erstens können wir den Einfluß der Honigkur einfach dadurch prüfen, daß wir das Verhältnis der Durchschnittsquadrate

$$F = 184{,}083 : 8{,}483 = 21{,}7$$

bilden. Da mit $n_1 = 1$ und $n_2 = 5$ aus der Tafel II

$$F_{0,01} = 16{,}26$$

zu entnehmen ist, kann der Einfluß der Honigkur als gesichert gelten.

Zweitens kann man auch hier fragen, was dadurch gewonnen wurde, daß man die Zwillingspaare als „Blöcke" wählte, und nicht einfach zwei Gruppen von Kindern bildete, deren eine Honig erhalten hätte und die andere nicht. Vorausgesetzt, daß wir in den soeben erwähnten Versuch ebenfalls im ganzen 12 Kinder einbezögen, erhielten wir in diesem Falle schematisch die folgende Streuungszerlegung:

Streuung	Freiheitsgrade
Zwischen Verfahren	1
Zwischen Kindern innerhalb der Verfahren . .	10
Insgesamt	11

Für das Durchschnittsquadrat zwischen Kindern wird man das Durchschnittsquadrat zwischen Paaren aus der vorangehenden Streuungszerlegung einsetzen können. Den Vergleich der beiden Versuchspläne kann man nach der Formel (3) von 13 durchführen, wobei

$$n_1 = 5 , \quad n_2 = 10 , \quad s_1^2 = 8{,}483 , \quad s_2^2 = 47{,}950$$

und somit

$$\text{Relat. Wirkungsgrad} = \frac{s_2^2}{s_1^2} \cdot \frac{(n_1 + 1)(n_2 + 3)}{(n_2 + 1)(n_1 + 3)} = \frac{47{,}950}{8{,}483} \cdot \frac{6 \cdot 13}{11 \cdot 8} = 5{,}010 .$$

Der Unterschied in der Zahl der Freiheitsgrade fällt hier verhältnismäßig stark ins Gewicht; trotzdem ist der relative Wirkungsgrad sehr hoch, auch wenn man in Betracht ziehen muß, daß alle Durchschnittsquadrate angesichts der kleinen Versuchszahlen mit einer verhältnismäßig großen Unsicherheit behaftet sind.

18 Gehaltsbestimmung durch Vergleich mit Standard

In der Pharmakologie pflegt man vielfach den Gehalt eines Testpräparates dadurch zu bestimmen, daß man dessen biologische Wirkung mit derjenigen eines Standardpräparates vergleicht. Dabei kann die Wirkung auf zwei Arten gemessen werden. Entweder beobachtet man eine Wirkung, die in einem bestimmten Bereich alle möglichen Werte annehmen kann, also kontinuierlich ist; etwa Veränderungen einer Länge, eines Gewichtes usw. Mit diesem Fall befassen wir uns in diesem Abschnitt. Die Wirkung kann aber auch sprunghaft zur Auswirkung gelangen, etwa wenn beobachtet wird, wieviele Insekten die Einwirkung der Präparate nach einer bestimmten Zeit überleben, und wieviele nicht. Im letzten Fall müssen zur Auswertung der Versuche besondere Verfahren herangezogen werden, die über den Rahmen hinausgehen, den wir uns für diese Einführung gesteckt haben. Diese Verfahren bringen übrigens vom Standpunkt des Planens der Versuche nichts wesentlich neues.

Sehr oft ist die Wirkungskurve eine Gerade, wenn man als Abszissen statt der Dosis selbst deren Logarithmen aufträgt. Verlaufen außerdem noch die Wirkungsgeraden für Testpräparat und Standardpräparat parallel, so lassen sich die Gehaltsbestimmungen durch einen einfachen Versuch in Blöcken mit zufälliger Anordnung zweckmäßig durchführen.

Beispiel 7. Ermittlung des Histamingehaltes eines Testpräparates durch Vergleich mit Standardpräparat (H. O. Schild).

Für jedes der beiden Präparate wurden zwei Dosismengen im Verhältnis 2 : 1 benützt, gemäß dem folgenden Schema:

Bezeichnung	Präparat		Dosis in g
A	Test	1	0,250
B	Test	2	0,125
C	Standard	1	0,200
D	Standard	2	0,100

Die Versuche wurden in der folgenden zeitlichen Reihenfolge ausgeführt:

I	II	III	IV	V
1 2 3 4	1 2 3 4	1 2 3 4	1 2 3 4	1 2 3 4
$A\ D\ B\ C$	$B\ D\ C\ A$	$A\ C\ B\ D$	$C\ D\ B\ A$	$B\ C\ A\ D$

Vier aufeinanderfolgende Bestimmungen bilden einen „Block", und innerhalb der Blöcke sind die vier Verfahren zufällig angeordnet. Dabei wird angenommen, daß zeitlich nahe aufeinanderfolgende Bestimmungen ähnlichere Wirkungen ergeben, als zeitlich weiter voneinander entfernte.

Die Ergebnisse des Versuches sind die folgenden:

Wirkungen in $\frac{1}{2}$ *mm*

Präparat	I	II	III	IV	V	Summe
Test 1	131	132	136	112	106	617
Standard 1	122	122	118	110	98	570
Test 2	103	104	87	74	73	441
Standard 2	89	92	84	66	50	381
Summe	445	450	425	362	327	2009

Aus den Gruppentotalen, die mit fortschreitender Zeit deutlich abnehmen, ergibt sich die Rechtfertigung für die Art, wie die „Blöcke" gebildet wurden.

Die Streuungszerlegung kann nach 12 durchgeführt werden. Die Summe der Quadrate zwischen den Verfahren (Präparaten) kann hier sinnvoll in orthogonale Vergleiche unterteilt werden. Einerseits kann man den Unterschied zwischen Test und Standard, anderseits zwischen Dosis 1 und Dosis 2 bilden. Den dritten orthogonalen Vergleich findet man, indem man die entsprechenden Koeffizienten der beiden ersten Vergleiche miteinander multipliziert. In allen drei Vergleichen ist die Summe der Quadrate der Koeffizienten gleich 4, und der Divisor wird, da fünf Gruppen vorhanden sind, $4 \cdot 5 = 20$. Die Bedeutung des dritten Vergleiches werden wir später erörtern. Die folgende Zusammenstellung zeigt die Einzelheiten der Berechnung.

Vergleich	T_1 617	S_1 570	T_2 441	S_2 381	V	$SQ = V^2/20$
V_1 Standard/Test . .	+1	—1	+1	—1	+107	$107^2/20 =$ 572,45
V_2 Dosis 1/Dosis 2 . .	+1	+1	—1	—1	+365	$365^2/20 =$ 6661,25
V_3 Parallelität . . .	+1	—1	—1	+1	— 13	$13^2/20 =$ 8,45
						Summe 7242,15

Mit dieser Aufteilung der Summe der Quadrate für die Verfahren können wir die ganze Streuungszerlegung wie folgt zusammenfassen:

Streuung	Freiheitsgrad	Summe der Quadrate	Durchschnitts-quadrat
Zwischen Gruppen	4	2976,70	744,175
Standard/Test	1	572,45	572,450
Dosis 1/Dosis 2	1	6661,25	6661,250
Parallelität	1	8,45	8,450
Zwischen Präparaten	3	7242,15	2414,050
Rest	12	330,10	27,508
Insgesamt	19	10548,95	. . .

Berechnet man die Verhältnisse der Durchschnittsquadrate der orthogonalen Vergleiche zum Durchschnittsquadrat für den Rest, und vergleicht sie mit dem der Tafel II ($n_1 = 1$, $n_2 = 12$) entnommenen

$$F_{0,01} = 9,33 \,,$$

so ergibt sich, daß sowohl die Unterschiede zwischen Standard und Test, als auch jene zwischen Dosis 1 und Dosis 2 gesichert sind.

Die Bedeutung und die weitere Verwendung der Vergleichsgrößen erkennt man am besten, wenn man die Ergebnisse des Versuches graphisch darstellt. Für den Standard kennen wir die wirklichen Gehalte an Histamin sowie ihre Wirkungen. Unter der Voraussetzung, daß die Wirkung mit dem Gehalt linear verbunden ist, kann man auf Grund der beiden Wertepaare die Wirkungskurve darstellen. In der Fig. 5 sind die durchschnittlichen Wirkungen von S_1 und S_2 (Standard 1 und 2) als Ordinaten, die Logarithmen der Dosis als Abszissen aufgetragen. Da für das Testpräparat das Verhältnis der Dosen ebenfalls 2:1 ist, und da wir voraussetzen, daß die Wirkungsgrade parallel zu der des Standards verläuft, kann der Gehalt verglichen werden, indem man zunächst annimmt, beide Präparate hätten denselben Gehalt. Aus den Unterschieden in der Wirkung wird man sodann auf einen Unterschied im Gehalt schließen. In der Fig. 5 führen wir also die Wirkungsgrade für das Testpräparat durch die beiden Punkte mit den Abszissen des Standards, und mit Ordinaten, die den durchschnittlichen Wirkungen von T_1 und T_2 entsprechen.

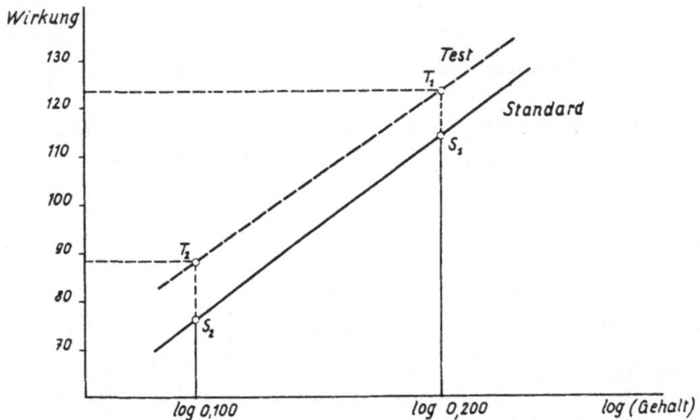

Fig. 5. Wirkungsgeraden für Standard- und Testpräparat

Der Fig. 5 können wir bei näherem Zusehen einige wichtige Aufschlüsse über die Bedeutung der drei orthogonalen Vergleiche entnehmen. Zunächst stellt

$$V_1 = (T_1 + T_2) - (S_1 + S_2) = +107$$

den Abstand der beiden Wirkungsgeraden in der Richtung der Ordinate dar, wenn wir $V_1 = 107$ durch 10 dividieren. Der Wert 10,7 ist eigentlich der Abstand in der Mitte zwischen den Punkten S_1 und S_2.

Weiter gibt

$$V_2 = (S_1 + T_1) - (S_2 + T_2) = +365$$

einen Wert, aus dem die Steigung der gemeinsamen Richtung der beiden Geraden ermittelt werden kann. Dividieren wir $V_2 = 365$ durch 10, so gibt uns dies den Unterschied zwischen dem Mittelpunkt von T_1 und S_1 gegenüber dem Mittelpunkt von T_2 und S_2. Der Unterschied der Abszissen dieser beiden Punkte beläuft sich auf

$$\log(0{,}200) - \log(0{,}100) = 0{,}30103$$

Infolgedessen findet man als Steigungsmaß der gemeinsamen Richtung der beiden Geraden

$$b = 36,5 : 0,30103 = 121,250 .$$

Der dritte orthogonale Vergleich

$$V_3 = (T_1 - S_1) - (T_2 - S_2) = -13$$

bedeutet nichts anderes als die Wechselwirkung zwischen Präparat und Dosis, gibt also an, ob der Unterschied in der Wirkung von Dosis 1 und Dosis 2 bei den beiden Präparaten verschieden ist. Geometrisch gesehen bedeutet V_3 ein Maß für die Parallelität der beiden Wirkungsgeraden. Wie der Vergleich des zu V_3 gehörenden Durchschnittsquadrates mit dem restlichen Durchschnittsquadrat zeigt, darf man die beiden Geraden als parallel ansehen. Wie wir soeben erläutert haben ist ihr gemeinsames Steigungsmaß

$$b = V_2/10 \cdot 0,30103 = 121,250 , \tag{1}$$

und ihr Abstand

$$V_1/10 = 10,7 .$$

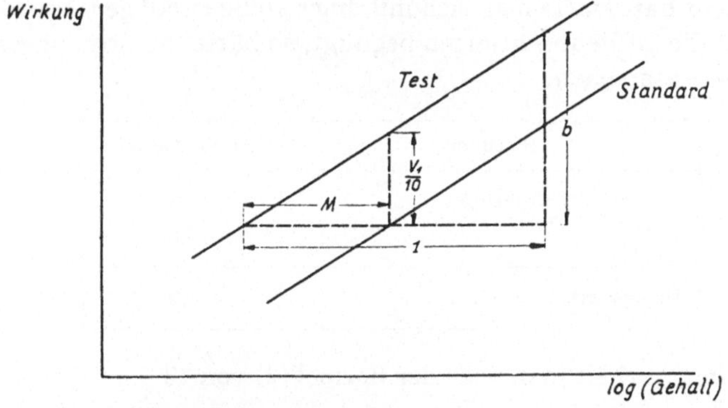

Fig. 6. Bestimmung des Gehaltsunterschiedes aus dem Unterschied der Wirkungen

Aus der Fig. 6 ist ersichtlich, wie der *Gehalt*sunterschied M zwischen Testpräparat und Standard ermittelt werden kann. Man hat

$$M = V_1/10 \cdot b , \tag{2}$$

oder, wenn man für b den Ausdruck aus (1) übernimmt

$$M = V_1 \cdot 0,30103/V_2 . \tag{3}$$

Somit wird

$$M = 107 \cdot 0{,}30\ 103/365 = 0{,}08\ 825 \, .$$

Weiter ist zu berücksichtigen, dass die Dosen für Testpräparat und Standard verschieden sind. Dies geschieht in der Weise, dass von M der Unterschied

$$\frac{1}{2}\,(\log 0{,}125 + \log 0{,}250) - \frac{1}{2}\,(\log 0{,}100 - \log 0{,}200) = 0{,}09\ 691$$

subtrahiert wird. Für das Verhältnis R der Gehalte des Testpräparates und des Standards wird sodann

$$\log R = 0{,}08\ 825 - 0{,}09\ 691 = -0{,}00\ 866 = 0{,}99\ 134 - 1$$

und damit $R = 0{,}980$. Das Testpräparat enthält 0,98 Einheiten des Standards.

Zu dieser Gehaltsbestimmung ließen sich unter Benützung der Reststreuung die Fehlergrenzen – die sogenannten Vertrauensgrenzen – berechnen (siehe hierzu etwa die Werke von BLISS und FINNEY). Wir verzichten darauf, da unser Anliegen lediglich darin bestand, das zweckmässige Planen derartiger Versuche zu erörtern. Wir verzichten auch darauf zu zeigen, wie man nachprüfen kann, ob die Voraussetzungen zutreffen, von denen wir bei der Gehaltsbestimmung ausgingen. Im vorliegenden Falle konnte aus anderen Versuchsreihen gezeigt werden, daß die Wirkungskurve tatsächlich eine Gerade ist.

Abschließend wollen wir noch angeben, welchen Gewinn an Präzision die Anordnung des Versuches in Gruppen zeitlich beieinanderliegender Beobachtungen gebracht hat. Hätte man sich mit einer völlig zufälligen Anordnung der Verfahren auf die 20 Beobachtungen begnügt, so hätte die Streuungszerlegung schematisch so ausgesehen:

Streuung	Freiheitsgrade
Zwischen Präparaten	3
Rest	16
Insgesamt	19

Für das DQ (Rest) erhält man nach der Formel (2) von 13

$$DQ\,(\text{Rest}) = (15 \cdot 27{,}508 + 2\,976{,}70)/19 = 178{,}385$$

und somit, da

$$n_1 = 12 \, , \qquad n_2 = 16 \, , \qquad s_1^2 = 27{,}508 \, , \qquad s_2^2 = 178{,}385 \, ,$$

erhält man

$$\text{Relativer Wirkungsgrad} = \frac{178{,}385}{27{,}508} \cdot \frac{13 \cdot 19}{17 \cdot 15} = 6{,}281 \, .$$

Auch hier ist der Gewinn an Präzision infolge der Anordnung in Blöcken sehr eindrücklich.

2 VERSUCHE IN LATEINISCHEN QUADRATEN

21 Grundsätze und Auswertung

In Feldversuchen zeigt es sich vielfach, daß das Versuchsfeld deutlich nach zwei Richtungen Unterschiede in der Bodenbeschaffenheit aufweist. Statt die Parzellen einfach in Blöcke zusammenzufassen, und so die stärksten Unterschiede der Bodenfruchtbarkeit aus dem Versuchsfehler auszumerzen, hat man versucht, die Unterschiede nach zwei Richtungen auszuschalten. Der Kunstgriff, welcher dies erlaubt, heißt das *lateinische Quadrat.* Es hat sich gezeigt, daß diese Versuchsanordnung auch in Tierversuchen mit Vorteil angewandt werden kann. Damit sind indessen die Anwendungsmöglichkeiten keineswegs erschöpft, da in vielen Fällen die Versuchseinheiten nach zwei „Richtungen" oder nach zwei Merkmalen gruppiert werden können.

Wir besprechen zunächst einige Eigenheiten der Versuchsanordnung an einem Sortenversuch und geben anschließend ein forstwirtschaftlich-industrielles Beispiel, an dem wir die Auswertung erörtern.

Angenommen, wir hätten den Ertrag von vier Weizensorten in einem Versuch zu vergleichen, und das Versuchsfeld zeige nach der Länge sowohl als nach der Breite deutliche Unterschiede in der Bodenbeschaffenheit. In diesem Falle wird man das Feld in 16 Parzellen einteilen und die 4 Sorten (A, B, C, D) in der folgenden Anordnung verteilen.

Zeilen   Spalten

	1	2	3	4
1	1 A	2 B	3 C	4 D
2	5 D	6 A	7 B	8 C
3	9 C	10 D	11 A	12 B
4	13 B	14 C	15 D	16 A

Die Besonderheit des lateinischen Quadrates besteht darin, daß in jeder Zeile und in jeder Spalte jeder der vier Buchstaben einmal, und nur einmal, vorkommt. Wir sprechen auch hier der Einfachheit halber kurzweg von Zeilen und Spalten.

Wenn sich nun die Wirkungen der Sorten und der Bodenfruchtbarkeit additiv verhalten, so ergibt der Gesamtertrag jeder Spalte ein Maß für die Unterschiede der Bodenfruchtbarkeit zwischen den Spalten. Mit den Gesamterträgen für die Zeilen können wir die Unterschiede der Bodenfruchtbarkeit zwischen den Zeilen beurteilen. Schließlich geben die Gesamterträge für die vier Sorten ein richtiges Bild der Sortenunterschiede, da in jeder Zeile und in jeder Spalte jede Sorte einmal vorkommt, und daher alle Sorten in gleicher Weise durch die Unterschiede zwischen Zeilen und Spalten beeinflußt sind.

In dem oben angegebenen lateinischen Quadrat folgen sich die Buchstaben in jeder Zeile in der gleichen Folge, da sie einfach von Zeile zu Zeile um ein Feld nach rechts verschoben wurden. Lateinische Quadrate, die nach einer derartigen Regel aufgestellt werden, nennen wir *regelmäßig*. Wie wir im Abschnitt 22 noch ausführlich erörtern werden, sollte man regelmäßige lateinische Quadrate vermeiden; einwandfreie Ergebnisse sind nur bei zufällig angeordneten lateinischen Quadraten zu erwarten.

Bei der Auswertung der Versuche in lateinischen Quadraten ist von ausschlaggebender Bedeutung, daß die Vergleiche zwischen Zeilen, zwischen Spalten und zwischen Sorten alle gegenseitig orthogonal sind im Sinne der Ausführungen in 16. Dies können wir für das oben angegebene lateinische Quadrat ohne weiteres aus dem folgenden Schema entnehmen, das die Vergleiche für die neun Freiheitsgrade zwischen Zeilen, zwischen Spalten und zwischen Sorten einzeln aufführt.

Orthogonale Vergleiche zwischen Zeilen, Spalten und Sorten

Vergleiche	Parzelle															
	1	2	3	4	5	6	7	8	9	10	11	12	13	14	15	16
Zwischen Zeilen	+1	+1	+1	+1	−1	−1	−1	−1	0	0	0	0	0	0	0	0
	+1	+1	+1	+1	+1	+1	+1	+1	−2	−2	−2	−2	0	0	0	0
	+1	+1	+1	+1	+1	+1	+1	+1	+1	+1	+1	+1	−3	−3	−3	−3
Zwischen Spalten	+1	−1	0	0	+1	−1	0	0	+1	−1	0	0	+1	−1	0	0
	+1	+1	−2	0	+1	+1	−2	0	+1	+1	−2	0	+1	+1	−2	0
	+1	+1	+1	−3	+1	+1	+1	−3	+1	+1	+1	−3	+1	+1	+1	−3
Zwischen Sorten	+1	−1	0	0	0	+1	−1	0	0	0	+1	−1	−1	0	0	+1
	+1	+1	−2	0	0	+1	+1	−2	−2	0	+1	+1	+1	−2	0	+1
	+1	+1	+1	−3	−3	+1	+1	+1	+1	−3	+1	+1	+1	+1	−3	+1

Da diese 9 Vergleiche orthogonal sind, verhalten sich die Summen der Quadrate additiv, und die Streuungszerlegung sieht für das Beispiel − und allgemein bei z Zeilen − schematisch wie folgt aus:

Streuung	Freiheitsgrad	
	Beispiel	allgemein
Zwischen Zeilen	3	$z - 1$
Zwischen Spalten	3	$z - 1$
Zwischen Sorten	3	$z - 1$
Rest	6	$(z - 1)(z - 2)$
Insgesamt	15	$z^2 - 1$

An diesem schematischen Beispiel erkennt man übrigens einen der Nachteile der Versuche in lateinischen Quadraten; mit wenigen Verfahren verbleiben für die Versuchsstreuung nur wenig Freiheitsgrade. Wenn indessen die Versuche im Laufe der Zeit, oder an verschiedenen Orten zu gleicher Zeit wiederholt werden, verliert dieser Nachteil an Gewicht.

Beispiel 8. Sägeversuch Filisur (Eidgenössische Anstalt für das forstliche Versuchswesen, Abteilung für Arbeitstechnik, Zürich).

In diesem Versuche galt es, die Leistung von drei Sägen mit verschiedenen Zahnformen zu vergleichen. Um auch über die Unterschiede zwischen Sägen gleicher Art Aufschlüsse zu erhalten, wurden je zwei Sägen mit gleicher Zahnung verwendet. Da die Leistungen der Sägen unter Bedingungen verglichen werden sollten, die der Praxis möglichst nahekamen, wurden sechs Gruppen von je zwei Arbeitern gebildet und sechs verschiedene Holzarten verwendet. Der unten angeführte Versuch ist aus einer größeren Zahl durchgeführter Versuche herausgegriffen, um die Auswertung des lateinischen Quadrates zu erläutern.

Plan des Versuches und Schnittzeiten in $^1/_{100}$ *Minuten*

Holzart	Arbeitergruppe												Zusammen
	1		2		3		4		5		6		
1	C	63	E	109	D	98	B	75	A	46	F	49	440
2	B	68	F	62	E	78	A	60	D	40	C	42	350
3	E	127	A	135	B	125	F	73	C	61	D	74	595
4	F	88	D	102	A	125	C	86	E	61	B	60	522
5	D	74	B	100	C	83	E	64	F	43	A	56	420
6	A	130	C	120	F	120	D	113	B	60	E	98	641
Summe	550		628		629		471		311		379		2968

Die beiden Sägen, die gleiche Zahnung aufweisen, sind mit A und D, B und E, C und F bezeichnet. Die sechs Schnitte wurden für jede Holzart auf einem Stamm eng nebeneinander und in zufälliger Reihenfolge ausgeführt.

5 Linder, Planen.

Um die Streuungszerlegung durchführen zu können, hat man noch die Summen der Zeiten für jede Säge zu ermitteln, wobei wir gleichzeitig auch die Summen für die drei Arten bilden.

Summe der Schnittzeiten

A	552	D	501	$A + D$	1053
B	488	E	537	$B + E$	1025
C	455	F	435	$C + F$	890

In gewohnter Weise berechnet man zunächst die Summe der Quadrate insgesamt:

$$SQ\,(\text{insgesamt}) = 63^2 + 68^2 + \ldots + 56^2 + 98^2 - 2968^2/36 = 28\,530,9 \,.$$

Sodann haben wir

$$SQ\,(\text{Sägen}) = (552^2 + 488^2 + \ldots + 537^2 + 435^2)/6 - 2968^2/36 = 1716,2 \,;$$

$$SQ\,(\text{Holzarten}) = (440^2 + 350^2 + \ldots + 420^2 + 641^2)/6 - 2968^2/36 = 10\,286,6 \,;$$

$$SQ\,(\text{Arbeitergruppen}) = (550^2 + 628^2 + \ldots + 311^2 + 379^2)/6 - 2968^2/36 = 14\,426,2 \,.$$

Die Streuungszerlegung läßt sich damit unmittelbar anschreiben, wobei die Summe der Quadrate für den Rest als Differenz bestimmt wird.

Streuung	Freiheitsgrad	Summe der Quadrate	Durchschnittsquadrat
Zwischen Holzarten	5	10286,6	2057,3
Zwischen Arbeitergruppen . . .	5	14426,2	2885,2
Zwischen Sägen	5	1716,2	343,2
Rest	20	2101,9	105,1
Insgesamt	35	28530,9	. . .

Vergleichen wir das Verhältnis der Streuungen

$$F = 343,2 : 105,1 = 3,27$$

mit dem Wert aus Tafel II, für den wir bei $n_1 = 5$, $n_2 = 20$

$$F_{0,05} = 2,71$$

finden. Zwischen den Sägen bestehen somit gesicherte Unterschiede in der Leistung.

Für die fünf Freiheitsgrade zwischen den Sägen lassen sich im vorliegenden Falle sehr schöne, sinnvolle orthogonale Vergleiche angeben. Aus den Summen für die drei Sägearten geht hervor, daß die Säge $C = F$ den beiden übrigen deutlich überlegen ist. Man wird daher als ersten Vergleich den Unterschied zwischen $C + F$ einerseits und $A + B + D + E$ andererseits wählen. Der zweite Vergleich, der sich aufdrängt, ist der Unterschied in der Leistung der anscheinend gleichwertigen Sägepaare $A + D$ und $B + E$. Die drei weiteren Vergleiche sind jene zwischen den drei Partnern der drei Sägepaare. Die Vergleiche und die zugehörigen Summen der Quadrate sind nachfolgend zusammengestellt; zu beachten ist, daß der Divisor gleich der sechsfachen Summe der Quadrate der Koeffizienten ist, da für jede Säge die Schnittzeit aus sechs Einzelzeiten zusammengesetzt ist.

Vergleich	A 552	B 488	C 455	D 501	E 537	F 435	Divisor	Vergleich V	Summe der Quadrate $V^2/(\text{Divisor})$
1	$+1$	$+1$	-2	$+1$	$+1$	-2	72	298	1233,4
2	$+1$	-1	0	$+1$	-1	0	24	28	32,7
3	$+1$	0	0	-1	0	0	12	51	216,7
4	0	$+1$	0	0	-1	0	12	-49	200,1
5	0	0	$+1$	0	0	-1	12	20	33,3
								Summe	1716,2

Statt für jeden dieser Vergleiche das Verhältnis des zugehörigen Durchschnittsquadrates zur Reststreuung zu bilden, kann man auch aus der Tafel II mit $n_1 = 1$ und $n_2 = 20$ die Werte

$$F_{0,05} = 4,35 \qquad \text{und} \qquad F_{0,01} = 8,10$$

entnehmen und mit der Reststreuung $s^2 = 105,1$ multiplizieren. Man findet

$$s^2 F_{0,05} = 457,2 \qquad \text{und} \qquad s^2 F_{0,01} = 851,3 \,.$$

Diese Werte stellt man den Durchschnittsquadraten der einzelnen Vergleiche gegenüber (die den Summen der Quadrate gleich sind, da der Freiheitsgrad gleich 1 ist). Einzig der erste Vergleich ist gesichert, dieser aber stark. Die beiden Sägen gleicher Art unterscheiden sich in ihrer Leistung nicht; ebenso besteht kein wesentlicher Unterschied von A und D gegenüber B und E; dagegen sind die Sägen C und F deutlich besser als die übrigen.

Selbstverständlich lassen sich die Unterschiede zwischen den Ergebnissen zweier Verfahren im lateinischen Quadrat auch direkt mittels des t-Tests prüfen, indem in den Formeln (6) oder (7) in 12 an Stelle von N_1 die Zahl der Zeilen z und für s^2 das Durchschnittsquadrat für den Rest eingesetzt werden.

In Feldversuchen läßt sich das lateinische Quadrat nicht nur anwenden, wenn
das Versuchsfeld nahezu quadratisch ist. Wenn etwa das Versuchsfeld lang und
schmal ist, kann beispielsweise mit vier Verfahren folgender Versuchsplan benützt werden.

A	B	C	D	D	A	B	C	C	D	A	B	B	C	D	A

Verwendet man einen derartigen Versuchsplan, so kann man aus dem Versuchsfehler nicht nur die Unterschiede zwischen den Blöcken, sondern auch jene
zwischen der Stellung der Parzellen innerhalb der Blöcke ausschalten.

Diese Anordnung kann auch bei anderen Gelegenheiten vorteilhaft angewandt
werden, beispielsweise in zeitlich verlaufenden Versuchen.

22 Regelmäßige und zufällige Anordnung

Als erstes wollen wir zeigen, wie im lateinischen Quadrat die zufällige Zuteilung der Verfahren verwirklicht werden kann. Bei den Blöcken mit zufälliger
Anordnung waren einfach die Einheiten innerhalb eines jeden Blockes den Verfahren zufällig zuzuordnen. Man kann dies auch anders ausdrücken: Denkt man
sich alle möglichen Anordnungen der Verfahren innerhalb der verschiedenen
Blöcke, so wählt man aus allen diesen möglichen Anordnungen eine zufällig
aus. Das gleiche Verfahren schlägt man beim lateinischen Quadrat ein, nur
liegen hier die Verhältnisse wegen der Bindungen nach zwei Dimensionen etwas
verwickelter.

Wenn wir von irgend einem lateinischen Quadrat ausgehen, etwa von dem
folgenden regelmäßigen mit $z = 5$ Zeilen,

Zeilen	Spalten				
	1	2	3	4	5
1	A	B	C	D	E
2	E	A	B	C	D
3	D	E	A	B	C
4	C	D	E	A	B
5	B	C	D	E	A

so kann man daraus unschwer eine große Zahl weiterer lateinischer Quadrate
ableiten. Man braucht zu diesem Zwecke nur alle Spalten unter sich zu vertauschen, so erhält man für jede Anordnung der Spalten ein neues lateinisches
Quadrat. Man kann weiter die Zeilen untereinander vertauschen und erhält
auch so neue lateinische Quadrate. Auch wenn man Zeilen *und* Spalten

vertauscht, werden immer wieder lateinische Quadrate entstehen. Schließlich kann man auch die Buchstaben unter sich vertauschen, wodurch wiederum stets lateinische Quadrate entstehen. Die so entstehenden lateinischen Quadrate sind nicht notwendigerweise alle voneinander verschieden. Die lateinischen Quadrate sind, soweit sie für Versuchspläne in Frage kommen, gründlich auf ihre Eigenschaften untersucht worden. Die Tafeln von FISHER und YATES enthalten darüber die wesentlichen Angaben. In diesen Tafeln ist auch beschrieben, wie aus allen möglichen lateinischen Quadraten bestimmter Größe eines vollkommen zufällig ausgewählt werden kann.

Für die praktischen Bedürfnisse dürfte es genügen, die Wahl eines lateinischen Quadrates mit zufälliger Anordnung wie folgt vorzunehmen. Angenommen, wir wollen ein lateinisches Quadrat mit $z = 5$ benützen. Zunächst schreibt man ein bestimmtes lateinisches Quadrat auf, z. B. das obenstehende. Zweitens ordnet man die Spalten zufällig an, indem man die Tafel III benützt. Man erhält beispielsweise

Zeilen	Spalten				
	2	5	1	4	3
1	B	E	A	D	C
2	A	D	E	C	B
3	E	C	D	B	A
4	D	B	C	A	E
5	C	A	B	E	D

Drittens ordnet man die Zeilen dieses neuen Quadrates mittels der Tafel III zufällig an. Man finde

Zeilen	Spalten				
	2	5	1	4	3
1	B	E	A	D	C
3	E	C	D	B	A
4	D	B	C	A	E
2	A	D	E	C	B
5	C	A	B	E	D

Schließlich benützt man wiederum die Tafel III, um die fünf Verfahren zufällig den Buchstaben A bis E zuzuordnen.

Obschon wir schon im Abschnitt 022 die Notwendigkeit der zufälligen Zuordnung begründeten, wollen wir sie für das lateinische Quadrat nochmals besprechen. Dies dürfte umso nützlicher sein, als immer wieder Stimmen laut werden, die für gewisse regelmäßige lateinische Quadrate angebliche Vorzüge geltend machen.

Um anschaulich bleiben zu können, erörtern wir die einschlägigen Fragen am Beispiel eines Feldversuches mit fünf Weizensorten; die Überlegungen beanspruchen indessen allgemeine Geltung. Ein erster Grund, der gegen die Verwendung eines regelmäßigen Planes spricht, wie er auf Seite 66 angegeben wurde, und in welchem die A alle in der Diagonale stehen, ist der folgende. Falls beispielsweise die Bodenfruchtbarkeit von links nach rechts abnimmt, so sind die Parzellen, auf denen die Sorte B angepflanzt wird, gegenüber den Parzellen mit der Sorte A benachteiligt. Es schleicht sich damit in die Beurteilung des Unterschiedes dieser beiden Sorten – und übrigens in den Vergleich aller Sorten – ein *einseitiger* Fehler ein.

Ein zweiter Grund gegen die Verwendung regelmäßiger lateinischer Quadrate, der weniger leicht zu erkennen ist und daher auch vielfach übersehen wird, hängt mit der statistischen Auswertung zusammen. Um ihn deutlich zu erkennen, wollen wir zusehen, wie sich die verschiedenen Durchschnittsquadrate in der Streuungszerlegung verhalten, wenn wir es mit einem Blindversuch zu tun hätten, wenn also statt verschiedener, nur eine Weizensorte angebaut würde. Die Streuungszerlegung sieht schematisch so aus:

Streuung	Freiheitsgrad	Durchschnitts-quadrat
Zwischen Zeilen	4	. . .
Zwischen Spalten	4	. . .
Zwischen Sorten	4	U
Rest	12	V
Insgesamt	24	. . .

Denken wir uns nun für jedes mögliche lateinische Quadrat die Streuungszerlegung durchgerechnet, und möge für jedes dieser Quadrate auch das Verhältnis

$$F = U/V$$

ermittelt sein, dann entsprechen die so berechneten F-Werte der theoretischen Verteilung von F mit $n_1 = 4$ und $n_2 = 12$. Insbesondere werden 95 % der Verhältnisse U/V kleiner sein als $F_{0,05} = 3,26$ und 5 % der Verhältnisse U/V werden größer sein als dieser Wert. Die zufällige Wahl des lateinischen Quadrates gewährleistet, daß die Prüfung der (im Blindversuch zwar nur scheinbaren) Sortenunterschiede mittels der Verteilung von F zuverlässig ist.

Wenn dagegen statt einer zufällig gewählten Anordnung stets das lateinische Quadrat mit den A in der Diagonalen benützt wird, kann das Verhältnis U/V nicht mehr der Verteilung von F entsprechen. Da, wie wir oben erläuterten, in diesem Quadrat die Unterschiede zwischen den Sorten leicht durch Bodenfruchtbarkeitsunterschiede vergrößert werden können, erhöht sich der Wert von U. Da aber die Summe der Quadrate insgesamt und jene zwischen den Zeilen und zwischen den Spalten bei allen lateinischen Quadraten gleich groß bleiben, so muß demnach der Wert von V entsprechend kleiner ausfallen. Infolgedessen wird der Wert von U/V bei diesem regelmäßigen Quadrat zu groß werden. Man wird also in einem wirklichen Versuch auf Sortenunterschiede schließen, wo im Grunde keine vorliegen. Die Überlegung behält ihre Gültigkeit auch für die Prüfung der Unterschiede zweier Sorten mittels des t-Tests.

Die Anhänger regelmäßig angeordneter lateinischer Quadrate empfehlen statt des bisher besprochenen etwa auch das nach KNUT VIK benannte, das so entsteht, daß die Buchstaben von einer Zeile zur andern um *zwei* Stellen nach rechts verschoben werden.

	Zeilen	Spalten				
		1	2	3	4	5
	1	A	B	C	D	E
	2	D	E	A	B	C
	3	B	C	D	E	A
	4	E	A	B	C	D
	5	C	D	E	A	B

In diesem lateinischen Quadrat wird zwar der Unterschied zwischen den Sorten nicht erhöht, wie dies bei dem vorher erörterten meist der Fall ist, da hier die Sorten außerordentlich gleichmäßig über das ganze Versuchsfeld verteilt sind. In der Tat ist hier die Verteilung so gleichmäßig, daß der Wert von U gegenüber der zufälligen Verteilung meist zu klein ausfällt, und daher notwendigerweise der Wert V zu groß. Im lateinischen Quadrat von KNUT VIK hätte man demnach keinen so störenden Einfluß auf die Erträge der Sorten, aber das Prüfverfahren wird dadurch zerstört, daß die Versuchsstreuung zu groß ausfällt. Die Prüfverfahren werden also einen etwa vorhandenen kleineren Unterschied zwischen den Sorten nicht zu erkennen vermögen.

23 Fehlende Angaben

Nach der gleichen Überlegung, die in 14 angestellt wurde, kann ein fehlender Wert mit Hilfe der Formel

$$x = \frac{z\,(Z + P + V) - 2\,T}{(z-1)\,(z-2)} \tag{1}$$

berechnet werden. Dabei bedeuten

z = Zahl der Zeilen;
Z = Summe der Werte in der Zeile mit fehlender Angabe;
P = Summe der Werte in der Spalte mit fehlender Angabe;
V = Summe der Werte für das Verfahren mit fehlender Angabe;
T = Gesamtsumme aller beobachteten Werte.

Die Unterschiede in den Durchschnitten zweier Verfahren prüft man nach den Formeln

a) Beide Sorten ohne fehlende Angabe:

$$t = \frac{\bar{x}' - \bar{x}''}{s\sqrt{\dfrac{2}{z}}} \; ; \quad n = (z-1)\,(z-2) - 1 \; ; \tag{2a}$$

b) Eine Sorte mit und eine Sorte ohne fehlende Angabe:

$$t = \frac{\bar{x}' - \bar{x}''}{s\sqrt{\dfrac{2}{z} + \dfrac{1}{(z-1)\,(z-2)}}} \; ; \quad n = (z-1)\,(z-2) - 1 \; . \tag{2b}$$

3 ZWEI VERGLEICHSREIHEN MIT VERSCHIEDENER PRÄZISION: VERSUCHE IN TEILPARZELLEN

31 Grundsätze und Auswertung

In vielen Versuchen hat man es mit einer einzigen Vergleichsreihe zu tun. Man vergleicht beispielsweise die Erträge verschiedener Weizensorten; oder man vergleicht die Wirkung verschiedener Dünger auf eine Kartoffelsorte. Vielfach wünscht man aber in einem Versuch gleichzeitig zwei Reihen von Vergleichen durchzuführen, so etwa, wenn man die Wirkung verschiedener Dünger auf mehrere Kartoffelsorten untersucht.

Falls, um beim letzten Beispiel zu bleiben, die Unterschiede zwischen den Sorten und zwischen den Düngern mit gleicher Genauigkeit geprüft werden sollen, wird man den Versuchsplan anders einrichten, als wenn etwa die Unterschiede zwischen den Sorten als weniger wichtig erscheinen und daher mit geringerer Genauigkeit zu beurteilen sind. Für den ersten Fall, in welchem beide Vergleichsreihen gleich genau untersucht werden sollen, wird man einen einfachen Versuch in Blöcken mit zufälliger Anordnung wählen, wobei innerhalb eines jeden Blockes jede Sorte mit jeder Düngung in einer Parzelle vorkommt. Ein derartiger Versuchsplan findet sich im Abschnitt 15 als Beispiel 4. Darin bilden die Deckfrüchte die eine, die Einsaaten die andere Versuchsreihe, und beide werden mit gleicher Genauigkeit geprüft.

Gelegentlich wünscht man von den beiden Versuchsreihen die eine genauer prüfen zu können, während für die andere eine geringere Genauigkeit genügt. Das Vorgehen sei an Hand eines Feldversuches geschildert, für den im Beispiel 9 ein Teil des Planes und der Ergebnisse angegeben sind. Aus dem Versuch sollte in erster Linie der Einfluß der Schnittzeit z. B. auf den Ertrag an Grünsubstanz zu erkennen sein. Die verschiedenen Schnittzeiten bilden die erste Vergleichsreihe. Als zweite Vergleichsreihe sind die verschiedenen Gräsermischungen anzusehen, und zwar wurden deren acht in den Versuch einbezogen. Für die Vergleiche zwischen den Mischungen genügte eine kleinere Genauigkeit als für den Vergleich zwischen den Schnittzeiten.

Dementsprechend wurde zunächst für die acht Mischungen ein einfacher Versuch in Blöcken mit zufälliger Anordnung vorgesehen. Aus verschiedenen Gründen geben wir unten nur einen Teil der Versuchsergebnisse und betrachten daher lediglich die Wiederholungen in zwei Blöcken. In jedem Block wurden die acht Mischungen den Parzellen zufällig zugeteilt.

Der zweite Teil des Versuches, die Vergleiche zwischen den Schnittzeiten, wurde nun derart in den soeben angegebenen Plan eingebaut, daß jede der 16 Parzellen in drei *Teilparzellen* unterteilt wurde. Innerhalb einer jeden Parzelle wurden den drei Teilparzellen die Schnittzeiten zufällig zugeordnet.

Zwischen den Teilparzellen innerhalb jeder Parzelle sind natürlicherweise die Unterschiede der Bodenfruchtbarkeit kleiner als zwischen den Parzellen. Aus diesem Grunde gibt uns der geschilderte Versuchsplan eine größere Genauigkeit für den Vergleich der Schnittzeiten als für den Vergleich der Mischungen.

Die Anordnung der Versuche in Teilparzellen läßt sich auch in anderen als Feldversuchen benützen; insbesondere kann man in der Technik oft die zeitliche Anordnung verwenden, um „Blöcke", „Parzellen" und „Teilparzellen" zu bilden – anders gesagt, um einander mehr oder weniger stark gleichende Versuchseinheiten in Gruppen zusammenzufassen.

Die Auswertung derartiger Versuche beschreiben wir an Hand des folgenden Beispiels.

Beispiel 9. Einfluß der Schnittzeit auf die Konkurrenzwirkung einiger Gräser. (Arbeitsgemeinschaft zur Förderung des Futterbaues, Zürich-Oerlikon).

Plan und Erträge an Grünsubstanz in 100 g je 3,5 m²

7	2	5	4	8	3	1	6	
B 68	S 90	B 53	B 79	R 74	S 113	S 114	R 64	
S 70	R 64	S 59	S 77	S 87	R 77	R 87	S 83	Block I
R 65	B 87	R 47	R 59	B 90	B 100	B 118	B 88	
R 75	S 63	R 62	R 49	S 91	R 84	B 110	S 117	
B 115	B 80	B 80	S 44	B 85	B 98	S 95	B 96	Block II
S 134	R 66	S 83	B 63	R 71	S 98	R 71	R 66	
2	5	8	7	6	1	3	4	

$$S = \text{Schnitt, wenn Leitart am Schossen;}$$

1—8 = Grasmischungen; B = Schnitt, wenn Leitart im Blütestadium;

$$R = \text{Schnitt, wenn Leitart im Reifestadium.}$$

Die Erträge wurden für jede Teilparzelle von 3,5 Quadratmeter Fläche auf 1 Gramm genau gewogen. Um die Rechenarbeit zu verkleinern, wurden die Gewichte auf 100 g aufgerundet; die Ergebnisse dürften dadurch kaum berührt werden, da die weggelassenen Stellen im Vergleich zu den Unterschieden zwischen den Parzellen bedeutungslos sind.

Die Auswertung entspricht auch hier genau der Anlage des Versuches, dem Versuchsplan. Zunächst betrachten wir lediglich die Erträge in den Parzellen und werten den Versuch aus, soweit es sich um die Mischungen handelt. Zu diesem Zwecke müssen die Summen nach Mischungen und nach Blöcken zusammengestellt werden; für spätere Berechnungen fügen wir auch die Summen nach den Schnittzeiten bei.

Mischung	Block I	Block II	S	B	R	Zusammen
1	319	280	212	216	171	599
2	241	324	224	202	139	565
3	290	276	208	210	148	566
4	215	279	194	175	125	494
5	159	209	122	133	113	368
6	235	247	174	173	135	482
7	203	156	114	131	114	359
8	251	225	170	170	136	476
Zusammen	1913	1996	1418	1410	1081	3909
S	693	725				
B	683	727				
R	537	544				

Die Streuungszerlegung des Versuches für die Mischungen geht nach dem bekannten Schema von Abschnitt 12 vor sich. Neu ist hier einzig, daß wir die Berechnung auf die Teilparzellen beziehen, um sie ohne weiteres mit der später zu besprechenden Streuungszerlegung für die Schnittzeiten vergleichbar zu machen. Als Einheit gilt demnach die Teilparzelle.

Wie gewohnt berechnen wir zunächst die Summe der Quadrate insgesamt, die wir hier als Summe der Quadrate zwischen den Parzellen bezeichnen. Es ist

$$SQ \text{ (zwischen Parzellen)} = (319^2 + 241^2 + \ldots + 156^2 + 225^2)/3 - 3909^2/48$$
$$= 12303,146 .$$

Weiter hat man

$$SQ \text{ (zwischen Mischungen)} = (599^2 + 565^2 + \ldots + 359^2 + 476^2)/6 - 3909^2/48$$
$$= 9264,646 ,$$

sowie

$$SQ \text{ (zwischen Blöcken)} = (1913^2 + 1996^2)/24 - 3909^2/48 = 143,521 .$$

Damit sieht die Streuungszerlegung bezüglich der Mischungen so aus:

Streuung	Freiheitsgrad	Summe der Quadrate	Durchschnittsquadrat
Zwischen Blöcken	1	143,521	. . .
Zwischen Mischungen	7	9264,646	1323,521
Rest (a)	7	2894,979	413,568
Zwischen Parzellen	15	12303,146	. . .

Um festzustellen, ob gesicherte Unterschiede zwischen den Mischungen bestehen, berechnen wir das Verhältnis der Durchschnittsquadrate

$$F = 1323{,}521 : 413{,}568 = 3{,}200\,,$$

welches mit dem Wert $F_{0,05}$ aus Tafel II zu vergleichen ist. Man stellt fest, daß für $n_1 = 7$, $n_2 = 7$ der Wert $F_{0,05} \approx 3{,}8$, daß also anscheinend keine gesicherten Unterschiede bestehen, obschon das berechnete F nicht weit vom Grenzwert entfernt ist. In der Tat läßt sich zeigen, daß die Mischungen 1, 2, 3 und 4 zusammen betrachtet von den Mischungen 5, 6, 7 und 8 wesentlich abweichen. Nach dem Verfahren der orthogonalen Vergleiche (Abschnitt 16) stellt man fest, daß auf den genannten Vergleich eine Summe der Quadrate von 6052,521 mit einem Freiheitsgrad entfällt. Ohne auf die weitere Auswertung einzutreten, sei lediglich erwähnt, daß dem betreffenden Vergleich eine praktische Bedeutung zukommt.

Im Hinblick auf die Auswertung des Versuches hinsichtlich des Einflusses der Schnittzeiten ist es aufschlußreich, den ganzen Versuch schematisch einer dreifachen Streuungszerlegung nach Blöcken, Mischungen und Schnittzeiten zu unterwerfen. (Siehe bezüglich der dreifachen Streuungszerlegung den Abschnitt 15.) Wenn wir zudem beachten, in welcher Weise sich die verschiedenen Posten der Streuungszerlegung nach den Unterschieden zwischen Blöcken, Parzellen und Teilparzellen einteilen lassen, gewinnen wir einen guten Einblick in das Gefüge des Versuchsplanes.

Streuung	Freiheitsgrad	Einteilung im Versuch		
		Blöcke	Parzellen	Teilparzellen
Zwischen Blöcken (B)	1	1	. . .	. . .
Zwischen Mischungen (M)	7	. . .	7	. . .
Zwischen Schnittzeiten (S)	2	. . .	. . .	2
BM	7 .	. . .	7	. . .
BS	2	. . .	. . .	2
MS	14	. . .	. . .	14
BMS	14	. . .	. . .	14
Insgesamt	47	1	14	32

In Feldversuchen darf man erwarten, daß die Wechselwirkungen zwischen Verfahren und Parzellen zur Versuchsstreuung gehören. Infolgedessen werden die Summe der Quadrate für BS und jene für BMS zusammengefaßt, um die Versuchsstreuung bezüglich der Schnittzeiten zu erhalten.

Da sich die Vergleiche zwischen den Schnittzeiten innerhalb der Parzellen abspielen, müssen wir zunächst die Summe der Quadrate zwischen den Teilparzellen – innerhalb der Parzellen – berechnen, für welche man 32 Freiheitsgrade $(16 \cdot 2)$ hat. Wir finden sie als Differenz zwischen der Summe der Quadrate insgesamt mit 47 Freiheitsgraden und der Summe der Quadrate zwischen den Parzellen mit 15 Freiheitsgraden. Man hat

$$SQ \text{ (insgesamt)} = 68^2 + 70^2 + \ldots + 96^2 + 66^2 - 3909^2/48 = 19593,813 \;.$$

Für die Summe der Quadrate zwischen den Teilparzellen innerhalb der Parzellen finden wir demnach

$$19593,813 - 12303,146 = 7290,667 \;.$$

Weiter erhalten wir als Summe der Quadrate zwischen den Schnittzeiten

$$SQ \text{ (zwischen Schnittzeiten)} = (1418^2 + 1410^2 + 1081^2)/16 - 3909^2/48$$
$$= 4622,375 \;.$$

Schließlich bleibt noch die Summe der Quadrate für die Wechselwirkung MS zu ermitteln. Zunächst rechnen wir

$$(212^2 + 224^2 + \ldots + 114^2 + 136^2)/2 - 3909^2/48 = 15419,313 \;,$$

sodann
$$SQ(MS) = 15419,313 - 9264,646 - 4622,375 = 1532,292 \;.$$

Die gesamte Streuungszerlegung sieht demnach wie folgt aus:

Streuung	Freiheitsgrad	Summe der Quadrate	Durchschnittsquadrat
Zwischen Blöcken	1	143,521	. . .
Zwischen Mischungen	7	9264,646	1323,521
Rest (a)	7	2894,979	413,568
Zwischen Parzellen	15	12303,146	. . .
Zwischen Schnittzeiten	2	4622,375	2311,188
Wechselwirkung MS	14	1532,292	109,449
Rest (b)	16	1136,000	71,000
Zwischen Teilparzellen	32	7290,667	. . .
Insgesamt	47	19593,813	. . .

Aus dem Verhältnis der Durchschnittsquadrate

$$F = 2311,188 : 71,000 = 32,552$$

folgt im Vergleich zu dem Wert $F_{0,01} = 6{,}23$ (mit $n_1 = 2$, $n_2 = 16$) aus der Tafel II, daß zwischen den Schnittzeiten stark gesicherte Unterschiede bestehen. Die Wechselwirkung MS zwischen Mischungen und Schnittzeiten unterscheidet sich nur zufällig von der Reststreuung.

32 Wirkungsgrad des Versuchsplanes

Im Beispiel 9 wurde der Versuchsplan so gewählt, daß die Unterschiede, die durch die Schnittzeiten bewirkt sind, mit größerer Präzision verglichen werden können als die Unterschiede zwischen den Mischungen. Wie ein Vergleich der Durchschnittsquadrate von Rest (a) und von Rest (b) zeigt, ist dieses Ziel durchaus erreicht worden, beträgt doch die Versuchsstreuung für den Vergleich der Mischungen rund das sechsfache der Versuchsstreuung für den Vergleich des Einflusses der Schnittzeiten.

Man kann nun aber die beiden Versuchsstreuungen auch mit jener vergleichen, die man erhalten hätte, wenn beide Versuchsreihen mit gleicher Präzision bedacht worden wären. In diesem Falle wäre jede Schnittzeit mit jeder Mischung in jedem der beiden Blöcke völlig zufällig angeordnet worden. Für diesen Versuch in Blöcken mit zufälliger Anordnung ergäbe sich die Streuungszerlegung schematisch wie folgt:

Streuung	Freiheitsgrad	Durchschnitts-quadrat
Zwischen Blöcken	1	. . .
Zwischen Mischungen	7	. . .
Zwischen Schnittzeiten	2	. . .
Wechselwirkung Mischungen · Schnittzeiten . .	14	. . .
Rest	$23 = n_1$	s_1^2
Insgesamt	47	. . .

Wie läßt sich nun aus dem tatsächlich durchgeführten Versuch mit Teilparzellen die Versuchsstreuung s_1^2 des entsprechenden Versuches mit zufälliger Anordnung innerhalb der Blöcke ermitteln? Dies gelingt unschwer, wenn man die Streuungszerlegung am Ende von Abschnitt 31 zu Rate zieht, und sich auch hier wieder vergegenwärtigt, wie sich die Verhältnisse in einem Blindversuch gestalten würden. Man gelangt zu folgendem Rechenschema (s. S. 77).

Das Durchschnittsquadrat für den Rest (a) gibt uns die beste Schätzung für die Variabilität der Erträge zwischen den Parzellen in einem Blindversuch; das Durchschnittsquadrat für den Rest (b) jene für die Variabilität zwischen den Teilparzellen innerhalb der Parzellen. Da im Blindversuch weder die Mischungen, noch die Schnittzeiten einen Einfluß ausüben, müssen die beiden Durchschnittsquadrate mit den Freiheitsgraden multipliziert werden, die an zweiter

Streuung	Freiheitsgrad	Durchschnitts- quadrat	Summe der Quadrate
Zwischen Blöcken	1		
Zwischen Mischungen	7 $\Big\}$ 14		
Rest (a)	7	413,568	5 789,952
Zwischen Parzellen	15		
Zwischen Schnittzeiten	2		
Wechselwirkung MS	14 $\Big\}$ 32		
Rest (b)	16	71,000	2 272,000
Zwischen Teilparzellen	32		
Insgesamt	47 46		8 061,952

Stelle stehen, um daraus die Summe der Quadrate für den ganzen Blindversuch
abzuleiten. Diese Summe der Quadrate (8 061,952) hat 46 Freiheitsgrade; es
handelt sich dabei um die Variabilität zwischen den Teilparzellen innerhalb der
beiden Blöcke. Da in jedem Block 24 Teilparzellen vorhanden sind, bilden die
Vergleiche zwischen diesen in der Tat zweimal 23 oder also 46 Freiheitsgrade. Als
Durchschnittsquadrat s_1^2 für den Versuch in Blöcken mit zufälliger Anordnung
hat man demnach die Schätzung

$$s_1^2 = 8\,061,952 : 46 = 175,260 \ .$$

Vergleichen wir nun zunächst diesen Versuchsfehler mit jenem, der für den
Vergleich zwischen den Mischungen gilt (Rest a), so haben wir in der Formel

$$\text{Relativer Wirkungsgrad} = \frac{(n_1 + 1)\,(n_2 + 3)\,s_2^2}{(n_2 + 1)\,(n_1 + 3)\,s_1^2}$$

die Werte

$$n_1 = 23 \ , \qquad s_1^2 = 175,260 \ ,$$
$$n_2 = \ 7 \ , \qquad s_2^2 = 413,568$$

einzusetzen. Man erhält

$$\text{Relativer Wirkungsgrad} = \frac{24 \cdot 10 \cdot 413,568}{8 \cdot 26 \cdot 175,260} = 2,723 \ .$$

Für den Vergleich zwischen den Mischungen ist somit der Versuch in Blöcken
mit zufälliger Anordnung – wie zu erwarten war – genauer als der Versuch in
Teilparzellen; der Wirkungsgrad des ersteren ist das 2,72-fache des Wirkungsgrades des letzteren.

Mit Bezug auf den Vergleich zwischen den Schnittzeiten liegen die Verhältnisse gerade umgekehrt. Hier gibt der Versuch in Teilparzellen genauere Vergleiche als der Versuch in Blöcken mit zufälliger Anordnung. Der Rest (b) liefert uns

$$n_3 = 16, \qquad s_3^2 = 71{,}000 \,,$$

die wiederum mit

$$n_1 = 23 \,, \qquad s_1^2 = 175{,}260$$

in Beziehung zu setzen sind. Man findet

$$\text{Relativer Wirkungsgrad} = \frac{17 \cdot 26 \cdot 175{,}260}{24 \cdot 19 \cdot 71{,}000} = 2{,}393 \,.$$

Die Anordnung des Versuches in Teilparzellen erhöht somit den Wirkungsgrad für den Vergleich zwischen den Schnittzeiten gegenüber dem Versuch mit zufälliger Anordnung in Blöcken um das 2,393-fache.

Der Kunstgriff der Anordnung eines Versuches in Teilparzellen findet eine wichtige Anwendung bei gewissen Versuchen mit mehreren Faktoren; dies wird im Abschnitt 44 näher erläutert.

4 VERSUCHE MIT MEHREREN FAKTOREN

41 Grundsätze

Der Forscher kommt recht oft in die Lage, den Einfluß mehrerer Faktoren zu untersuchen. So etwa, wenn ein Metallurg wissen will, welchen Einfluß die Gehalte an Kohlenstoff, an Silizium und an Mangan auf die Zugfestigkeit von Stahl ausüben. Oder wenn der Einfluß der Menge eines Düngers, verschiedener Zeitpunkte für die Aussaat, verschieden großer Reihenabstände auf die Erträge einer Weizensorte zu ergründen sind. Oder schließlich wenn die Abhängigkeit der Heilwirkung eines Medikamentes von dem Mengenverhältnis der in ihm enthaltenen Wirkstoffe zu ermitteln ist.

In jedem dieser Fälle hat man die Wirkung von mehreren *Faktoren* zu finden, wobei jeder Faktor auf verschiedenen *Stufen* eingestellt werden kann.

Vielfach wird jenes Vorgehen als das einzig richtige betrachtet, bei dem *ein Faktor nach dem andern* in seiner Wirkung beobachtet wird, und zwar derart, daß alle andern Faktoren festgehalten werden. Man erreicht damit, daß die übrigen Faktoren sich nicht störend bemerkbar machen. In dieser Weise verfährt beispielsweise der Physiklehrer, wenn er die einfachen physikalischen Gesetze vorführt.

Wie R. A. FISHER eindringlich dargelegt hat, ist dieses Vorgehen indessen für die Forschung meist durchaus unzweckmäßig. Er befürwortet demgegenüber, die Wirkung der verschiedenen Faktoren *gleichzeitig* zu untersuchen. Die Vorteile dieses Vorgehens sind verschiedener Art. Wenn die Faktoren *voneinander unabhängig* wirken, kann man bei passender Wahl der Kombinationen ihrer Stufen aus einem Versuch nach dem Vorgehen von FISHER bei gleichem Aufwand erheblich genauere Ergebnisse erzielen als nach dem Verfahren mit Untersuchung je eines Faktors zu gleicher Zeit; dies werden wir noch im einzelnen erörtern.

Sind die einzelnen Faktoren nicht voneinander unabhängig, bestehen zwischen ihnen also gewisse Wechselwirkungen, so wird uns darüber der Versuch nach dem Fisherschen Plan erschöpfenden Aufschluß geben, während der Ein-Faktoren-Versuch darüber nichts oder nur wenig aussagt.

Ein weiterer Grund, der zugunsten der gleichzeitigen Veränderung der verschiedenen Faktoren spricht, ist der folgende. Wenn nach dem früheren Verfahren ein bestimmter Faktor untersucht wird, müssen alle anderen festgehalten werden. Das bedeutet, daß für jeden der übrigen Faktoren ein bestimmter Wert – eine bestimmte Stufe – festgesetzt werden muß, wobei es nicht ohne eine gewisse Willkür abgeht. Man untersucht also, um das einleitend erwähnte Beispiel wieder aufzugreifen, den Einfluß von Kohlenstoff auf die Zugfestigkeit von

Stahl, wobei die Gehalte von Silizium und Mangan festgehalten werden. Selbstverständlich wird man diese Silizium- und Mangangehalte so wählen, wie sie für die praktische Verwertung der Versuche am passendsten erscheinen. Da aber die Versuche gerade auch dazu dienen sollen, über die passendsten Gehalte Aufschluß zu geben – sonst wäre eine Untersuchung dieser beiden Faktoren ja überflüssig – muß jede derartige Wahl der Stufen willkürlich sein. Auch von diesem Standpunkt aus sind demnach Pläne vorzuziehen, in denen alle Faktoren von Belang gleichzeitig untersucht werden. Damit wird erreicht, daß der Einfluß eines jeden Faktors unter verschiedenen Bedingungen hinsichtlich aller anderen Faktoren untersucht werden kann. Aus dem Versuch werden demnach allgemeinere Schlüsse gezogen werden können.

Schließlich darf auch nicht außer acht gelassen werden, daß die Wahl der Faktoren selbst zum Teil willkürlich ist. Man weiß in der Regel nicht, welche Faktoren ausschlaggebend sein werden. Die zu untersuchenden Faktoren werden vielfach gewählt, weil sie leicht zu erfassen sind, während ihre ursächliche Bedeutung zum mindesten fraglich ist. Auch aus diesem Grunde scheint es zweckmäßig, beim Planen des Versuches alle Faktoren in gleicher Weise zu berücksichtigen.

Um die Fisherschen Grundsätze für das Planen von Versuchen mit mehreren Faktoren zu besprechen, wählen wir ein einfaches Beispiel, dessen Auswertung in 42 dargestellt wird. Es handelt sich um die einleitend schon erwähnte Untersuchung über den Einfluß der Gehalte an Kohlenstoff, Silizium und Mangan auf die Zugfestigkeit von Stahl. Wir haben es also mit drei Faktoren zu tun. Für jeden dieser Faktoren wurden zwei Stufen gewählt, ein kleinerer und ein größerer Gehalt. Das Verfahren von FISHER besteht nun darin, für alle möglichen Kombinationen der Stufen die Wirkung zu ermitteln. Wenn wir die untere Stufe des Gehaltes mit 0, die obere mit 1 bezeichnen, so sieht die Übersicht der möglichen Kombinationen wie folgt aus, wobei wir noch die Symbole angeben, die für die Kombinationen gebräuchlich sind.

Kombination	Stufe für			Symbol der Kombination
	C	Si	Mn	
1	0	0	0	(1)
2	1	0	0	c
3	0	1	0	s
4	0	0	1	m
5	1	1	0	$c\,s$
6	1	0	1	$c\,m$
7	0	1	1	$s\,m$
8	1	1	1	$c\,s\,m$

Die Symbole werden nicht nur verwendet, um die betreffenden Kombinationen der Stufen zu bezeichnen, sondern auch für die entsprechenden beobachteten Werte. Die Symbole sind leicht zu verstehen; wenn ein Faktor auf der unteren Stufe erscheint, wird im Symbol der betreffende Buchstabe weggelassen, wenn der Faktor auf der oberen Stufe steht, schreibt man im Symbol den betreffenden Buchstaben hin. Die Wahl von (1) als Symbol der Kombination, in der alle Faktoren auf der unteren Stufe stehen, wird sich später als zweckmäßig herausstellen.

Die Zahl der Kombinationen beträgt $2 \cdot 2 \cdot 2 = 8$; man spricht daher etwa auch von einem $2 \cdot 2 \cdot 2$-Faktorenversuch, womit zum Ausdruck gebracht wird, daß man drei Faktoren zu je zwei Stufen hat.

Ein derartiger Versuch wird in der Regel in mehreren Wiederholungen angelegt; für den Moment wollen wir davon absehen und einfach die Ergebnisse für die acht Kombinationen betrachten und sehen, was aus ihnen an Erkenntnissen folgt.

Fassen wir zunächst den Faktor Kohlenstoff ins Auge. Während die acht Kombinationen sowie die beobachteten Ergebnisse mit kleinen Buchstaben bezeichnet werden, pflegt man die daraus errechneten Wirkungen der einzelnen Faktoren mit großen Buchstaben zu bezeichnen. Insbesondere werden wir also von der Wirkung C des Kohlenstoffs sprechen.

Die Wirkung C können wir zunächst dadurch ermitteln, daß wir die Zugfestigkeit für die Kombination c mit jener der Kombination (1) vergleichen. Die beiden Kombinationen unterscheiden sich ja einzig dadurch, daß in der ersten der Kohlenstoffgehalt auf der oberen, in der zweiten auf der unteren Stufe gewählt ist. Falls die Wirkung der Erhöhung des Kohlenstoffgehalts darin besteht, daß die Zugfestigkeit um einen bestimmten Betrag erhöht (oder herabgesetzt) wird, so mißt

$$c - (1)$$

diese Wirkung.

In gleicher Weise messen die Unterschiede

$$c\,s - s; \qquad c\,m - m; \qquad c\,s\,m - s\,m$$

die Wirkung der Erhöhung des Kohlenstoffgehaltes von der untern zur oberen Stufe. In jedem dieser drei Vergleiche ist es ebenfalls nur der Kohlenstoffgehalt, der sich verändert.

Wenn die Wirkung der Erhöhung des Kohlenstoffgehaltes im wesentlichen dieselbe ist, ob die übrigen Faktoren schwach oder stark vertreten sind, das heißt wenn die Erhöhung des Kohlenstoffgehaltes unabhängig von den übrigen Faktoren wirkt, gibt uns die Gesamtheit der angeführten Unterschiede das beste Maß für die Wirkung. Man hat demnach für die Wirkung C, die man auch als *Hauptwirkung* bezeichnet (im Gegensatz zu den Wechselwirkungen):

$$C = (c - (1)) + (c\,s - s) + (c\,m - m) + (c\,s\,m - s\,m) \tag{1}$$

oder

$$C = c + c\,s + c\,m + c\,s\,m - (1) - s - m - s\,m\,. \tag{2a}$$

6*

Die Wirkung C findet man somit, indem man von den Ergebnissen für die obere Stufe jene für die untere Stufe abzieht. In den Formeln (1) und (2a) haben jene vier Kombinationen, die den Buchstaben c enthalten ein positives, jene vier, in denen c fehlt, ein negatives Vorzeichen.

Falls zwischen Kohlenstoff und Mangan eine Wechselwirkung besteht, dann wirkt die Erhöhung des Kohlenstoffgehaltes auf der unteren Stufe des Mangans anders als auf der obern. Es sind dann die Unterschiede

$$c - (1) \quad \text{und} \quad cm - m$$

voneinander wesentlich verschieden. In einem derartigen Falle ist die nach den Formeln (1) und (2a) berechnete Wirkung C nicht mehr von jener Allgemeingültigkeit; sie ändert sich dann je nach der Wahl der Stufen für den Gehalt an Mangan. Trotzdem gibt der Wert von C auch dann einen wichtigen Anhaltspunkt für die Wirkung des betreffenden Faktors, im vorliegenden Beispiel des Kohlenstoffs.

Dieselben Versuchsergebnisse, aus denen die Wirkung C ermittelt wurde, können nun auch verwendet werden, um die Wirkung S, also der Erhöhung des Gehaltes an Silizium zu bestimmen. Man braucht zu diesem Zwecke lediglich die Unterschiede

$$s - (1) \; ; \quad cs - c \; ; \quad ms - m \; ; \quad csm - cm$$

zu berechnen und zusammenzuzählen, also den Ausdruck

$$S = s + cs + ms + csm - (1) - c - m - cm \tag{2b}$$

zu bilden.

Aus denselben Versuchswerten kann man demnach die Hauptwirkungen sowohl von C wie von S, und zwar beide mit derselben Genauigkeit, errechnen. Nach dem Ein-Faktor-Verfahren hätte man dagegen doppelt soviele Beobachtungen benötigt um den einen wie den andern der Faktoren mit jener Genauigkeit in seiner Wirkung zu erforschen.

Immer dieselben Versuchsergebnisse können aber weiter dazu dienen, den Einfluß der Erhöhung des Gehaltes an Mangan festzustellen. Zu diesem Zwecke bildet man die Unterschiede

$$m - (1) \; ; \quad cm - c \; ; \quad sm - s \; ; \quad csm - cs \, ,$$

von denen jeder den Einfluß dieser Gehaltserhöhung mißt, da in jedem Falle alle übrigen Faktoren gleichbleiben. Auch hier bildet man die Summe um einen Ausdruck für die Hauptwirkung M zu finden; also

$$M = m + cm + sm + csm - (1) - c - s - cs \, . \tag{2c}$$

Dieselben Versuchsergebnisse geben somit Aufschluß über die Hauptwirkungen aller drei Faktoren, und zwar für jeden Faktor mit derselben Genauigkeit.

Der Vorteil der Anordnung der Versuche mit mehreren Faktoren nach dem beschriebenen Plan reicht aber noch weiter. Aus den Ergebnissen lassen sich nämlich auch die *Wechselwirkungen* zwischen je zwei der Faktoren ohne weiteres ermitteln.

Betrachten wir zunächst die Wechselwirkung zwischen Kohlenstoff und Silizium, wofür das Symbol CS benützt wird. Die Wechselwirkung berechnen wir hier genau gleich wie wir dies im Abschnitt 12 gesehen haben. Wir sprechen von einer Wechselwirkung zwischen C und S, wenn zum Beispiel S bei hohem Kohlenstoffgehalt wesentlich anders wirkt als bei niedrigem Kohlenstoffgehalt. Wenn dagegen S bei niedrigem und bei hohem Kohlenstoffgehalt im wesentlichen gleich wirkt, besteht keine Wechselwirkung; die beiden Faktoren wirken dann voneinander unabhängig.

Bei hohem Kohlenstoffgehalt können wir den Einfluß von Silizium beurteilen, indem wir die Unterschiede

$$cs - c \quad \text{und} \quad csm - cm$$

bilden. Dagegen geben uns die beiden Unterschiede

$$s - (1) \quad \text{und} \quad sm - m$$

Aufschluß über die Wirkung von Silizium bei niedrigem Kohlenstoffgehalt. Im einen Fall ist

$$cs + csm - c - cm , \tag{3a}$$

im andern

$$s + sm - (1) - m \tag{3b}$$

ein Maß für die Wirkung der Erhöhung des Gehaltes an Silizium.

Bei Unabhängigkeit der Wirkung des Siliziums vom Kohlenstoffgehalt müssen die Ausdrücke (3a) und (3b) im wesentlichen gleich groß ausfallen. Wenn dagegen Wechselwirkung besteht, mißt der Unterschied zwischen (3a) und (3b) das Ausmaß derselben. Man kann demnach als Maß der Wechselwirkung CS den Ausdruck benützen:

$$CS = (cs + csm - c - cm) - (s + sm - (1) - m) \tag{4}$$

oder

$$CS = cs + csm + (1) + m - c - cm - s - sm . \tag{5a}$$

Man sieht zunächst, daß in der Formel zur Berechnung der Wechselwirkung wiederum alle Versuchsergebnisse eingehen. Sodann ist der Formel (5a) zu entnehmen, daß in der Wechselwirkung CS jene vier Kombinationen das positive Zeichen aufweisen, in deren Symbol entweder *beide*, oder *keiner* der Buchstaben

c und s vorkommt; das negative Vorzeichen erhalten dagegen jene vier Kombinationen, in deren Symbol nur *einer* der beiden Buchstaben vorkommt.

Die durch die Formeln (4) oder (5a) gegebene Wechselwirkung ist bezüglich der beiden Faktoren C und S symmetrisch. Man hätte auch so vorgehen können, daß man den Einfluß C auf den beiden Stufen für das Silizium betrachtet. Für hohen Siliziumgehalt hat man die beiden folgenden Unterschiede für die Wirkung des Kohlenstoffs:

$$cs - s \qquad \text{und} \qquad csm - sm$$

und für niedrigen Siliziumgehalt

$$c - (1) \qquad \text{und} \qquad cm - m \ .$$

Bei hohem Siliziumgehalt beurteilt man demnach den Einfluß des Kohlenstoffs mittels

$$cs + csm - s - sm$$

und bei niedrigem Siliziumgehalt durch

$$c + cm - (1) - m \ ,$$

so daß also die Wechselwirkung gleich der Differenz dieser Ausdrücke, also gleich

$$(cs + csm - s - sm) - (c + cm - (1) - m)$$

oder also

$$cs + csm + (1) + m - s - sm - c - cm$$

ist. Damit haben wir aber genau den Ausdruck CS in der Formel (5a) gefunden.

Nach der gleichen Überlegung findet man die Wechselwirkungen CM und SM nach den folgenden Formeln:

$$CM = cm + csm + (1) + s - c - m - cs - ms \ ; \tag{5b}$$

$$SM = sm + csm + (1) + c - s - m - cs - cm \ . \tag{5c}$$

Nicht nur können wir bei dieser Art der Versuchsanordnung aus den Ergebnissen sowohl die drei Hauptwirkungen C, S und M, sondern auch die drei Wechselwirkungen CS, CM und SM, und zwar wiederum alle mit gleicher Genauigkeit ermitteln.

Man kann aber endlich aus denselben Versuchswerten auch noch die Wechselwirkung CSM zwischen allen drei Faktoren berechnen. Diese Wechselwirkung kann in symmetrischer Weise in bezug auf jeden der drei Faktoren definiert werden. Wir begnügen uns hier damit, einen der Wege zu beschreiben, auf dem die Formel für CSM erhalten werden kann.

Wenn wir die Wechselwirkung CS der beiden Faktoren Kohlenstoff und Silizium einerseits bei niedrigem, anderseits bei hohem Mangangehalt untersuchen, so finden wir:

a) bei niedrigem Mangangehalt:

$$cs + (1) - c - s \; ;$$

b) bei hohem Mangangehalt:

$$csm + m - cm - sm \; ;$$

entsprechend der Regel, die im Anschluß an die Formel (5a) angegeben wurde. Der Unterschied dieser beiden Ausdrücke gibt die Wechselwirkung von CS mit M, oder eben die gesuchte Wechselwirkung CSM zwischen allen drei Faktoren.

$$CSM = (csm + m - cm - sm) - (cs + (1) - c - s) \qquad (6)$$

oder

$$CSM = csm + m + c + s - cm - sm - cs - (1) \; . \qquad (7)$$

Aus der Formel (7) folgt als Regel für die Wechselwirkung von drei Faktoren: Die vier positiv zu nehmenden Kombinationen enthalten entweder *alle drei*, oder *nur einen* der Buchstaben c, s, m; die vier negativ zu zählenden Kombinationen enthalten entweder *zwei* oder *keinen* der drei Buchstaben.

Die Hauptwirkungen und die Wechselwirkungen werden meistens etwas anders definiert als dies hier geschehen ist, indem unsere Werte C, S, M, CS usw. durch 4 dividiert werden. Diese Wahl bietet gewisse Vorteile; unsere Abweichung vom üblichen Vorgehen geschieht um der Einfachheit willen und dürfte zu keinen Schwierigkeiten führen.

Die Formeln für die Hauptwirkungen und die Wechselwirkungen kann man auf einfachste Weise finden, indem man die folgenden algebraischen Ausdrücke ausrechnet:

a) für eine Hauptwirkung:

$$\text{z. B.} \qquad C = (c - 1)(s + 1)(m + 1) \; ;$$

b) für eine Wechselwirkung zwischen zwei Faktoren:

$$\text{z. B.} \qquad CS = (c - 1)(s - 1)(m + 1) \; ;$$

c) für eine Wechselwirkung zwischen drei Faktoren:

$$CSM = (c - 1)(s - 1)(m - 1) \; .$$

Diese Formeln gelten allgemein für eine beliebige Anzahl von Faktoren mit je zwei Stufen.

Die in den Formeln dieses Abschnittes angegebenen Hauptwirkungen und Wechselwirkungen sind im Sinne des Abschnitts 16 *Vergleiche*, und zwar, wie leicht zu sehen ist, *orthogonale* Vergleiche. Um dies einzusehen, stellen wir lediglich die Ergebnisse dieses Abschnitts nach dem im Abschnitt 16 oft verwendeten Schema zusammen.

Wirkung (Vergleich)	Kombination, bzw. Versuchsergebnis							
	(1)	c	s	cs	m	cm	sm	csm
C	—1	+1	—1	+1	—1	+1	—1	+1
S	—1	—1	+1	+1	—1	—1	+1	+1
M	—1	—1	—1	—1	+1	+1	+1	+1
CS	+1	—1	—1	+1	+1	—1	—1	+1
CM	+1	—1	+1	—1	—1	+1	—1	+1
SM	+1	+1	—1	—1	—1	—1	+1	+1
CSM	—1	+1	+1	—1	+1	—1	—1	+1

Da in jeder Zeile gleichviel positive wie negative Vorzeichen vorkommen, ist zunächst die Bedingung (2) von 16 erfüllt. Multipliziert man die entsprechenden Koeffizienten aus irgendwelchen zwei Zeilen miteinander und bildet die Summe der Produkte, so ergibt sich jedesmal Null; somit ist auch die Bedingung (3) von 16 erfüllt und die Vergleiche sind gegenseitig orthogonal.

Aus der obigen Zusammenstellung ist überdies ersichtlich, daß beispielsweise die Koeffizienten für den Vergleich CS als die Produkte der entsprechenden Koeffizienten von C und S gebildet werden können. Diese Regel gilt allgemein, auch für Wechselwirkungen zwischen mehr als zwei Faktoren.

42 Auswerten von Versuchen mit je zwei Stufen

Die Versuche, in denen für jeden Faktor zwei Stufen vorgesehen sind, lassen sich dank eines von F. YATES angegebenen Kunstgriffes sehr einfach auswerten.

Beispiel 10. Abhängigkeit der Zugfestigkeit von Stahlguß vom Gehalt an Kohlenstoff, Silizium und Mangan (Gebrüder Sulzer, Aktiengesellschaft, Winterthur).

Es handelt sich in diesem Beispiel nicht um einen eigentlichen Versuch, vielmehr wurden aus 5000 Analysenwerten deren 32 herausgegriffen, und zwar je vier in jeder Kombination der zwei Gehaltsstufen. Die Gehaltsstufen für die drei Faktoren sind die folgenden:

Faktor	Stufe (Gehalt in Prozenten)	
	0	1
Kohlenstoff . . . (C)	0,14—0,15	0,26—0,27
Silizium . . . . (S)	0,26—0,29	0,56—0,58
Mangan . . . . . (M)	0,45—0,49	0,55—0,58

Die 32 ausgewählten Proben wiesen die folgenden Zugfestigkeiten auf:

Kombination	Zugfestigkeiten in kg/mm²				
	Einzelwerte				Summe
(1)	44,4	44,4	45,1	43,8	177,7
c	50,5	51,5	49,2	51,9	203,1
s	48,1	45,4	45,7	48,8	188,0
cs	53,2	54,5	52,1	54,0	213,8
m	43,3	43,2	46,5	44,7	177,7
cm	52,1	49,2	51,9	51,3	204,5
sm	48,7	47,0	50,0	49,5	195,2
csm	53,8	58,8	56,2	56,6	225,4

Wir setzen voraus, daß die Einzelwerte innerhalb jeder Kombination normal verteilt und voneinander unabhängig seien. Man kann dann die Versuchsergebnisse einer einfachen Streuungszerlegung – zwischen den Kombinationen und zwischen den Einzelwerten innerhalb der Kombinationen – unterwerfen. Die Variabilität der Einzelwerte innerhalb der Kombinationen bildet den Versuchsfehler. Für die Streuungszerlegung findet man nach den Anweisungen des Abschnitts 033:

Streuung	Freiheitsgrad	Summe der Quadrate	Durchschnittsquadrat
Zwischen Kombinationen . . .	7	500,109	71,444
Zwischen Einzelwerten innerhalb Kombinationen . .	24	47,390	1,975
Insgesamt	31	547,499	. . .

Für das Verhältnis der Durchschnittsquadrate findet man

$$F = 71,444 : 1,975 = 36,174$$

und ein Blick auf die Tafel II zeigt, daß der berechnete Wert von F weit außerhalb von $F_{0,01}$ liegt für $n_1 = 7$, $n_2 = 24$.

Da die im Abschnitt 41 besprochenen Vergleiche orthogonal sind, lassen sich nach Abschnitt 16 die entsprechenden Summen der Quadrate ohne weiteres berechnen. Als Divisor hat man in jedem Falle nach der Formel (4) von 16, und da in jeder Kombination vier Einzelwerte vorhanden sind, $8 \cdot 4 = 32$.

Beispielsweise findet man für die Hauptwirkung C:

$$C = c + cs + cm + csm - (1) - s - m - sm$$
$$= 203,1 + 213,8 + 204,5 + 225,4 - 177,7 - 188,0 - 177,7 - 195,2$$
$$= 108,2 \,,$$

und für die entsprechende Summe der Quadrate

$$108,2^2 : 32 = 365,851 \,.$$

Wie schon erwähnt, lassen sich die Werte für die Haupt- und Wechselwirkungen leicht nach einem von F. YATES angegebenen Schema finden. Man schreibt zunächst die Summen für die einzelnen Kombinationen in einer bestimmten Reihenfolge untereinander. Nämlich so, daß an erster Stelle die Kombination (1) steht, hierauf eine der Kombinationen mit *einem* Buchstaben, hierauf eine weitere mit *einem* Buchstaben, anschließend die Kombinationen des letzteren mit den vorangehenden – in ihrer Reihenfolge – usw. Das Ergebnis ist, wenn man mit c anfängt, und s folgen läßt, die Reihenfolge, die wir am Schluß von 41 und in der Tafel der Zugfestigkeit für das Beispiel 10 benützten.

Der weitere Gang der Rechnung läßt sich in der folgenden Zusammenstellung verfolgen:

Kombination	Summe der Versuchswerte	Summen und Differenzen			Wirkung (Vergleich)
		1.	2.	3.	
(1)	177,7	380,8	782,6	1585,4	Summe
c	203,1	401,8	802,8	108,2	C
s	188,0	382,2	51,2	59,4	S
cs	213,8	420,6	57,0	3,8	CS
m	177,7	25,4	21,0	20,2	M
cm	204,5	25,8	38,4	5,8	CM
sm	195,2	26,8	0,4	17,4	SM
csm	225,4	30,2	3,4	3,0	CSM

In der angegebenen Reihenfolge schreibt man die Werte paarweise untereinander und bildet hierauf für jedes Paar von Werten die Summe und die Differenz, die man in der nächsten Spalte aufschreibt. Es ist also $380,8 = 177,7 + 203,1$ usw.; $25,4 = 203,1 - 177,7$ usw. Diese Bildung von Summen und Differenzen wiederholt man noch zweimal. Wie ein Vergleich mit den Koeffizienten am Schluß von Abschnitt 41 zeigt, liefert dieses Verfahren gerade die in der letzten Spalte angegebenen Vergleiche.

Nach dem schon besprochenen Verfahren erhält man für die Summen der Quadrate der einzelnen Hauptwirkungen und Nebenwirkungen die folgenden Werte, deren Summe gleich der SQ (zwischen Kombinationen) ist.

Streuung	Freiheitsgrad	Summe der Quadrate ($=$Durchschnittsquadrat)
C	1	365,851
S	1	110,261
M	1	12,751
CS	1	0,451
CM	1	1,051
SM	1	9,461
CSM	1	0,281
(Zusammen)	(7)	(500,107)

Durch Vergleich mit dem Durchschnittsquadrat zwischen den Einzelwerten innerhalb der Kombinationen (1,975) läßt sich feststellen, welche der Wirkungen gesichert sind. Am einfachsten berechnet man aus

$$F = DQ \text{ (Wirkung)} : 1,975$$

die Grenzwerte für die Durchschnittsquadrate, indem man an Stelle von F aus der Tafel II mit $n_1 = 1$ und $n_2 = 24$ die Werte

$$F_{0,05} = 4,26 \quad \text{und} \quad F_{0,01} = 7,82$$

einsetzt. Man erhält

$$DQ \text{ (Wirkung)}_{0,05} = 4,26 \cdot 1,975 = \quad 8,41 \,,$$

$$DQ \text{ (Wirkung)}_{0,01} = 7,82 \cdot 1,975 = 15,44 \,.$$

Die Hauptwirkungen C und S sind demnach stark gesichert, die Hauptwirkung M und die Wechselwirkung SM gesichert.

Angesichts der gesicherten Wechselwirkung SM ist es nützlich, die Versuchswerte auch noch in anderer Art zusammenzustellen, nämlich in Form einer Tafel mit drei Eingängen, wobei c_0 die untere, c_1 die obere Stufe des Kohlenstoffgehaltes bezeichnet, und entsprechend für Silizium und Mangan.

	s_0			s_1		
	m_0	m_1	Summe	m_0	m_1	Summe
c_0	177,7	177,7	355,4	188,0	195,2	383,2
c_1	203,1	204,5	407,6	213,8	225,4	439,2
Summe	380,8	382,2	763,0	401,8	420,6	822,4

Bei kleinem Siliziumgehalt bewirkt der Übergang vom kleinen zum höheren Mangangehalt eine Erhöhung der Zugfestigkeit von 380,8 auf 382,2, oder um

1,4. Bei hohem Siliziumgehalt dagegen bewirkt die Erhöhung des Mangangehaltes eine Zunahme der Zugfestigkeit um 420,6 — 401,8 = 18,8. Demzufolge bedeutet die Wirkung M, welche gleich der Summe der beiden soeben erwähnten Zunahmen ist (20,2 = 1,4 + 18,8), im Grunde eine Summe aus zwei ungleichwertigen Bestandteilen. Bei der Anwendung der Versuchsergebnisse muß man diesem Umstand Rechnung tragen. Dasselbe gilt selbstverständlich für die Wirkung S, die ebenfalls verschieden ist, je nach dem Gehalt an Mangan, für den sie bestimmt wird.

In Versuchen mit mehreren Faktoren lohnt es sich ebenfalls, die Versuchseinheiten in Gruppen zusammenzufassen, um den Versuchsfehler zu verringern. Als erstes Beispiel dafür möge ein Versuch mit drei Faktoren zu je zwei Stufen in Blöcken mit zufälliger Anordnung dienen.

Beispiel 11. Düngerversuch mit Gerste (Rothamsted Experimental Station, Report 1927–28, S. 154).

In dem Versuch wurden die drei folgenden Faktoren mit den angegebenen Stufen untersucht.

$$\begin{array}{lll} \text{Ammoniumsulfat} & (N) : & 0 \text{ oder } 1{,}0 \text{ cwt. je acre ;} \\ \text{Superphosphat} & (P) : & 0 \text{ oder } 3{,}0 \text{ cwt. je acre ;} \\ \text{Kaliumsulfat} & (K) : & 0 \text{ oder } 1{,}5 \text{ cwt. je acre .} \end{array}$$

Plan und Körnererträge in lb. auf Parzellen von $^1/_{40}$ *acre*

Block I

n	nk	np	(1)	npk	k	pk	p
61	67	56	43	31	79	43	37

Block II

(1)	npk	pk	k	np	n	p	nk
34	57	66	57	39	48	61	64

nk	(1)	n	npk	p	np	pk	k
45	42	47	42	42	44	44	56

Block III

(1)	k	np	npk	nk	p	pk	n
23	54	60	53	46	52	60	78

Block IV

Die Auswertung geschieht auf dem üblichen Wege; wir überlassen sie dem Leser, geben indes noch die Streuungszerlegung schematisch an.

Streuung	Freiheitsgrad
N	1
P	1
K	1
NP	1
NK	1
PK	1
NPK	1
Zusammen zwischen Kombinationen	7
Zwischen Blöcken	3
Rest	21
Insgesamt	31

Ein Versuch wie der im Beispiel 11 beschriebene kann auch in einem lateinischen Quadrat angeordnet werden, was dann allerdings 64 Parzellen benötigt. Wenn aber eine mehrfache Wiederholung sich als wünschenswert erweist, dürfte die Anordnung im lateinischen Quadrat jener in Blöcken mit zufälliger Anordnung vorzuziehen sein, da mit ihr ein kleinerer Versuchsfehler zu erwarten ist.

43 Auswerten von Versuchen mit mehr als zwei Stufen

Solange für einen Faktor nur zwei Stufen vorgesehen sind, läßt sich einzig feststellen, ob beim Übergang von der unteren zur oberen Stufe eine Wirkung eintritt oder nicht; auch kann das Ausmaß dieser Wirkung mit einer kleineren oder größeren Genauigkeit bestimmt werden. Dagegen läßt sich mit nur zwei Stufen nicht entscheiden, ob die Wirkung mit steigendem „Gehalt" des Faktors gleichförmig zu- oder abnimmt. Um den Verlauf der Wirkung besser kennenzulernen, muß man also mehr als zwei Stufen des Faktors wählen.

Wir beschreiben zunächst einen Versuch mit zwei Faktoren zu je drei Stufen, oder abgekürzt einen $3 \cdot 3$-Faktorenversuch.

Beispiel 12. Düngerversuch mit Kartoffeln (Rothamsted Experimental Station, Report 1932, S. 177).

Der Versuch wurde in vier Blöcken zufällig angeordnet. Die Stufen und die beiden Faktoren sind nachstehend aufgeführt.

Plan und Erträge in lb. auf Parzellen von $^1/_{60}$ acre

Block I

$n_1 k_0$ 630	$n_0 k_0$ 620	$n_2 k_2$ 575
$n_1 k_2$ 598	$n_0 k_2$ 554	$n_2 k_1$ 510
$n_0 k_1$ 619	$n_2 k_0$ 579	$n_1 k_1$ 571

Block II

$n_1 k_1$ 601	$n_2 k_0$ 583	$n_1 k_0$ 650
$n_0 k_0$ 558	$n_2 k_2$ 575	$n_1 k_2$ 601
$n_0 k_2$ 597	$n_2 k_1$ 618	$n_0 k_1$ 602

Block III

$n_1 k_1$ 623	$n_2 k_0$ 613	$n_1 k_0$ 608
$n_1 k_2$ 582	$n_0 k_2$ 619	$n_0 k_1$ 566
$n_2 k_1$ 583	$n_0 k_0$ 555	$n_2 k_2$ 541

Block IV

$n_0 k_0$ 599	$n_0 k_1$ 637	$n_1 k_2$ 649
$n_2 k_0$ 618	$n_1 k_0$ 644	$n_1 k_1$ 642
$n_2 k_1$ 525	$n_0 k_2$ 558	$n_2 k_2$ 631

Ammoniumsulfat (N)		Kaliumsulfat (K)	
0	n_0	0	k_0
0,4 cwt. N je acre	n_1	1,0 cwt. K_2O je acre	k_1
0,8 cwt. N je acre	n_2	2,0 cwt. K_2O je acre	k_2

Der erste Schritt in der Auswertung eines derartigen Versuches besteht darin, die gewohnte Streuungszerlegung zwischen den Verfahren und zwischen den Blöcken durchzuführen. Man stellt die Ergebnisse wie folgt zusammen:

Kombinationen (Verfahren)	Block				Summe
	I	II	III	IV	
n_0k_0	620	558	555	599	2332
n_0k_1	619	602	566	637	2424
n_0k_2	554	597	619	558	2328
n_1k_0	630	650	608	644	2532
n_1k_1	571	601	623	642	2437
n_1k_2	598	601	582	649	2430
n_2k_0	579	583	613	618	2393
n_2k_1	510	618	583	525	2236
n_2k_2	575	575	541	631	2322
Summe	5256	5385	5290	5503	21434

Nach dem im Abschnitt 12 erläuterten Schema der doppelten Streuungszerlegung findet man weiter:

Streuung	Freiheitsgrad	Summe der Quadrate	Durchschnittsquadrat
Zwischen Blöcken	3	4086,778	. . .
Zwischen Kombinationen . . .	8	15011,056	1876,382
Rest	24	23984,722	999,363
Insgesamt	35	43082,556	. . .

Damit haben wir den Versuchsfehler ermittelt. Mit der Prüfung der Unterschiede zwischen den Kombinationen wollen wir uns nicht aufhalten, da wir die einzelnen Faktoren getrennt untersuchen werden. Zu diesem Zwecke stellen wir die Erträge für die neun Kombinationen noch in Form einer Tafel mit zwei Eingängen zusammen.

	n_0	n_1	n_2	Summe
k_0	2332	2532	2393	7257
k_1	2424	2437	2236	7097
k_2	2328	2430	2322	7080
Summe	7084	7399	6951	21 434

Aus dieser Zusammenstellung ist zunächst ersichtlich, daß der Übergang von n_0 zu n_1 eine deutliche Ertragssteigerung bewirkt, daß aber durch den Übergang von n_1 zu n_2 ein noch stärkerer Rückgang des Ertrages erzielt wird. Die Kaliumdüngung scheint eine Verminderung des Ertrages mit sich zu ziehen. Die obige Zusammenstellung gibt eine gute Übersicht über die Ergebnisse des Versuches, besonders wenn die Erträge noch auf die gewohnten Maßeinheiten umgerechnet werden.

Wichtig ist nun aber auch hier, ob die soeben erörterten Wirkungen gesichert sind oder nicht. Die Unterschiede zwischen den Summen der Erträge für die Stufen n_0, n_1 und n_2 oder für die Stufen k_0, k_1 und k_2 prüft man am einfachsten nach dem im Abschnitt 034.3 dargelegten Verfahren mittels der t-Verteilung. Wir überlassen die Rechnung dem Leser.

Im Zusammenhang mit dieser Prüfung kann man aber auch gewisse orthogonale Vergleiche benützen. Als Vorbereitung berechnen wir zunächst für jeden der beiden Faktoren die Summe der Quadrate zwischen den drei Stufen, sowie jene für die Wechselwirkung. Zwischen den drei Stufen hat man je zwei Freiheitsgrade, die Wechselwirkung hat vier Freiheitsgrade. Nach dem Verfahren von Abschnitt 12 findet man nachstehende Ergebnisse, wobei N auf die Unterschiede zwischen n_0, n_1 und n_2 hinweist, K auf die Unterschiede zwischen k_0, k_1 und k_2; NK bedeutet wiederum die Wechselwirkung zwischen den beiden Faktoren.

Streuung	Freiheitsgrad	Summe der Quadrate	Durchschnittsquadrat
N	2	8 822,723	4 411,362
K	2	1 589,389	794,695
NK	4	4 598,944	1 149,736
Zus. zwischen Kombinationen	8	15 011,056	. . .

Den beiden Freiheitsgraden für N können wir nun aber auch zwei bestimmte orthogonale Vergleiche zuordnen, die sich in einfacher Weise deuten lassen. Einerseits können wir nämlich den Unterschied

$$N_l = n_2 - n_0 \,,\qquad\qquad (1\,\mathrm{a})$$

anderseits den Unterschied

$$N_q = 2n_1 - (n_2 + n_0) \tag{1b}$$

bilden. Der erste gibt an, welchen Einfluß eine Erhöhung des Gehaltes von der untersten zur höchsten Stufe hat, der zweite, ob die Wirkung linear verläuft, wie dies aus der schematischen Fig. 7 hervorgeht.

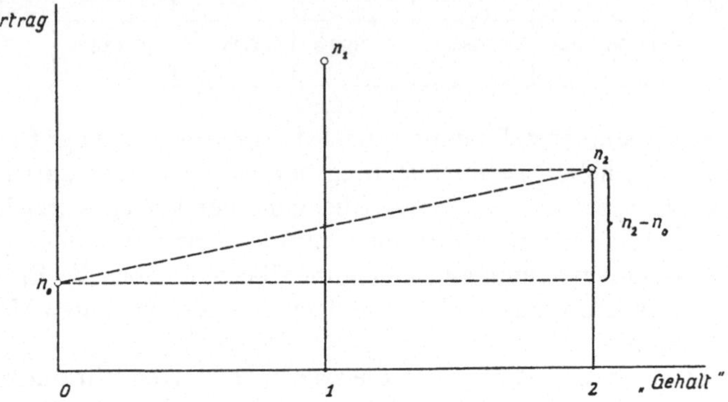

Fig. 7. Lineare und quadratische Komponente

Liegt nämlich der Punkt n_1 auf der Verbindungsgeraden von n_0 und n_2, so ist $n_2 - n_1$ (abgesehen vom Vorzeichen) gleich $n_1 - n_0$; da aber das Vorzeichen der beiden Differenzen verschieden ist, wird in diesem Falle $N_q = 0$. Man kann N_l die *lineare*, N_q die *quadratische* Komponente der Hauptwirkung N nennen. Diese Deutung der beiden orthogonalen Vergleiche kann offensichtlich nur benützt werden, wenn die Abstände zwischen den Stufen für den betreffenden Faktor gleich groß sind.

Entsprechend werden für den Faktor K eine lineare Komponente K_l und eine quadratische Komponente K_q berechnet. Endlich läßt sich auch die Wechselwirkung NK in vier einzelne Freiheitsgrade auflösen, indem man die Wechselwirkungen N_lK_l, N_qK_l, N_lK_q, und N_qK_q bildet. Die Koeffizienten für die vier letztgenannten Vergleiche findet man durch Multiplikation der Koeffizienten der Komponenten N_l, N_q, K_l und K_q. Das folgende Schema der Koeffizienten gibt ein übersichtliches Bild der Verhältnisse.

Vergleich (Komponente)	Kombination								
	n_0k_0	n_0k_1	n_0k_2	n_1k_0	n_1k_1	n_1k_2	n_2k_0	n_2k_1	n_2k_2
N_l	-1	-1	-1	0	0	0	$+1$	$+1$	$+1$
N_q	-1	-1	-1	$+2$	$+2$	$+2$	-1	-1	-1
K_l	-1	0	$+1$	-1	0	$+1$	-1	0	$+1$
K_q	-1	$+2$	-1	-1	$+2$	$-1\cdot$	-1	$+2$	-1
N_lK_l	$+1$	0	-1	0	0	0	-1	0	$+1$
N_lK_q	$+1$	-2	$+1$	0	0	0	-1	$+2$	-1
N_qK_l	$+1$	0	-1	-2	0	$+2$	$+1$	0	-1
N_qK_q	$+1$	-2	$+1$	-2	$+4$	-2	$+1$	-2	$+1$

In jeder Zeile ist die Summe der Koeffizienten gleich Null. Weiter stellt man fest, daß die Summe der Produkte der Koeffizienten je zweier Zeilen ebenfalls Null ist. Somit handelt es sich um orthogonale Vergleiche.

Um die Komponenten und die zugehörigen Summen der Quadrate zu berechnen, greifen wir auf die Zusammenstellung auf Seite 93 zurück. Wir erhalten:

$$N_l = n_2 - n_0 = 6951 - 7084 = -133$$
$$N_q = 2n_1 - (n_0 + n_2) = 2 \cdot 7399 - (7084 + 6951) = +763$$
$$K_l = k_2 - k_0 = 7080 - 7257 = -177$$
$$K_q = 2k_1 - (k_0 + k_2) = 2 \cdot 7097 - (7257 + 7080) = -143$$

Nach der im Abschnitt 16 erwähnten Regel erhält man den zu N_l gehörigen Divisor, indem man die Summe der Quadrate der Koeffizienten des Vergleichs N_l bildet, wofür man 6 erhält. Da jede Kombination auf vier Parzellen wiederholt wurde, lautet der Divisor $6 \cdot 4 = 24$. Entsprechend findet man die Divisoren für die übrigen Vergleiche. Für $N_q K_q$ hat man beispielsweise als Summe der Quadrate der Koeffizienten

$$1 + 4 + 1 + 4 + 16 + 4 + 1 + 4 + 1 = 36 \, ,$$

so daß als Divisor $36 \cdot 4 = 144$ zu berücksichtigen ist.

In der folgenden Zusammenstellung sind die Summen der SQ eingefügt, die eine Kontrolle mit den vorher berechneten Summen der Quadrate für N, für K und für NK erlauben.

Vergleich (Komponente)	Wirkung	Divisor	Freiheitsgrad	Summe der Quadrate
N_l	-133	$6 \cdot 4 = 24$	1	737,042
N_q	$+763$	$18 \cdot 4 = 72$	1	8 085,681
N	...	...	2	8 822,723
K_l	-177	$6 \cdot 4 = 24$	1	1 305,375
K_q	-143	$18 \cdot 4 = 72$	1	284,014
K	...	...	2	1 589,389
$N_l K_l$	-67	$4 \cdot 4 = 16$	1	280,562
$N_l K_q$	-431	$12 \cdot 4 = 48$	1	3 870,021
$N_q K_l$	-129	$12 \cdot 4 = 48$	1	346,688
$N_q K_q$	-121	$36 \cdot 4 = 144$	1	101,674
NK	...	...	4	4 598,945

Abgesehen von einem kleinen Aufrundungsfehler stimmen die Summen der Quadrate für N, K und NK mit den früher direkt berechneten überein.

Da mit $n_1 = 1$ und $n_2 = 24$ aus der Tafel II

$$F_{0,05} = 4,26 \quad \text{und} \quad F_{0,01} = 7,82$$

findet man durch Multiplikation mit

$$DQ \text{ (Rest)} = 999,363 ,$$

daß einzig N_q, die quadratische Komponente von N, gesichert ist. Man kommt damit zu demselben Ergebnis, wie wenn man die Unterschiede $n_2 - n_1$, $n_1 - n_0$ und $k_2 - k_0$ mittels der t-Verteilung prüft.

Als zweites Beispiel eines Faktorenversuches mit mehr als zwei Stufen wählen wir einen $5 \cdot 3 \cdot 3$-Faktorenversuch.

Beispiel 13. Vergiftung von Elritzen mit Kaliumcyanid (Eidgenössische Anstalt für Wasserversorgung, Abwasserreinigung und Gewässerschutz, Zürich).

Dem Versuch liegen folgende Faktoren und Stufen zugrunde.

Cyanidkonzentration (B)	0,16 mg $[CN]'$ je l	b_0
	0,8　mg $[CN]'$ je l	b_1
	4　　mg $[CN]'$ je l	b_2
	20　　mg $[CN]'$ je l	b_3
	100　　mg $[CN]'$ je l	b_4
Temperatur (T)	5° C	t_0
	15° C	t_1
	25° C	t_2
Sauerstoffgehalt des Wassers (S)	1,5 mg O_2 je l	s_0
	3,0 mg O_2 je l	s_1
	9,0 mg O_2 je l	s_2

Im Abschnitt 034 sind die Gründe angegeben, die uns veranlaßten, mit den Logarithmen der Reaktionszeiten zu rechnen. In der Kombination $b_0 t_0 s_0$ zeigte beispielsweise einer der zehn Fische die typischen Vergiftungsreaktionen nach 100 Minuten. Der Logarithmus dieser Reaktionszeit ist 2,0. Für die zehn Fische belief sich die Summe der Logarithmen auf 20,1. Um die lästigen Kommas zu vermeiden, setzen wir in der folgenden Zusammenstellung 201, die mit 10 multiplizierte Summe der Logarithmen ein.

Da die zehn Fische jeder Kombination miteinander, also unter genau gleichen Bedingungen, im Versuche standen, kann die Variabilität zwischen ihren Reaktionszeiten nicht als Versuchsstreuung angesehen werden; es handelt sich nicht um die zehnfache Wiederholung des Versuches, sondern um eine einzige. Daher berücksichtigen wir hier einfach die Summe der Werte für je 10 Fische, ohne

Summe der Logarithmen (mal 10) der Reaktionszeiten von je 10 Elritzen
(Phoxinus laevis Ag.)

		b_0	b_1	b_2	b_3	b_4	Summe
t_0	s_0	201	150	131	130	97	709
	s_1	246	164	138	136	102	786
	s_2	271	170	149	127	99	816
		718	484	418	393	298	2311
t_1	s_0	124	104	86	89	60	463
	s_1	158	111	99	91	74	533
	s_2	207	117	81	87	72	564
		489	332	266	267	206	1560
t_2	s_0	79	63	50	51	32	275
	s_1	129	54	51	52	46	332
	s_2	142	93	62	51	52	400
		350	210	163	154	130	1007
Zus.	s_0	404	317	267	270	189	1447
	s_1	533	329	288	279	222	1651
	s_2	620	380	292	265	223	1780
		1557	1026	847	814	634	4878

deren Streuung zu beachten. Als Versuchsfehler werden wir die Wechselwirkung BTS der drei Faktoren benützen.

In erster Linie führen wir wiederum die Streuungszerlegung durch, und zwar nach den Anweisungen des Abschnitts 15.

Streuung	Freiheitsgrad	Summe der Quadrate	Durchschnitts- quadrat
B	4	55545,5	13886,4
T	2	57116,1	28558,1
S	2	3758,8	1879,4
BT	8	3685,9	460,7
BS	8	5264,5	658,1
TS	4	97,1	24,3
BTS	16	1034,9	64,7
Insgesamt	44	126502,8	

Es genügt ein Blick auf die Durchschnittsquadrate um festzustellen, daß alle drei Faktoren gesicherte Wirkungen ausüben. Ebenso sind die Wechselwirkungen BT und BS stark gesichert.

Die Formel (7) des Abschnitts 12 kann benützt werden, um irgendwelche Unterschiede zu prüfen. Sie ist besonders nützlich um sich überschlagsweise rasch ein erstes Urteil zu bilden. Da wir hier

$$s^2 = 64,7$$

haben, können wir mit $s = 8$ rechnen. Zudem ist der Freiheitsgrad $n = 16$, also aus der Tafel I

$$t_{0,05} = 2,12 \, .$$

Somit wird

$$(Sx' - Sx'')_{0,05} = t_{0,05} \cdot s \sqrt{2 N_1} = 2,12 \cdot 8 \sqrt{2 N_1}$$
$$= 16,96 \sqrt{2 N_1}$$

der kleinste gerade noch gesicherte Unterschied.

Vergleichen wir beispielsweise etwa

$$b_3 = 814 \quad \text{mit} \quad b_2 = 847$$

und wollen wir feststellen, ob der Unterschied gesichert sei. In diesem Fall ist $N_1 = 9$, da jeder der beiden Werte die Summe aus neun Einzelwerten darstellt. Da

$$\sqrt{2 N_1} = \sqrt{18} = 4,24 \, ,$$

findet man für

$$(Sx' - Sx'')_{0,05} = 16,96 \cdot 4,24 = 71,91 \, .$$

Der Unterschied $b_2 - b_3 = 33$ ist nicht gesichert, dagegen sind es alle anderen Unterschiede einzelner Stufen des Gehaltes an Kaliumcyanid.

Für die beiden übrigen Faktoren findet man als kleinsten gesicherten Unterschied

$$(Sx' - Sx'')_{0,05} = 16,96 \sqrt{2 N_1} = 16,96 \sqrt{2 \cdot 15}$$
$$= 16,96 \cdot 5,48 \quad = 92,94 \, ,$$

da in diesem Falle $N_1 = 15$. Alle Unterschiede zwischen den Stufen der Temperatur und jenen des Sauerstoffgehaltes sind gesichert.

Auch in diesem Beispiel ist es aufschlußreich, die lineare und die quadratische Komponente für die Faktoren zu drei Stufen zu berechnen. Für das Kaliumcyanid, bei der fünf Stufen untersucht wurden, kann man auch die Komponenten dritten und vierten Grades ermitteln. Dies geschieht nach folgendem Schema:

Vergleich (Komponente)		Stufen					Divisor
		b_0	b_1	b_2	b_3	b_4	
Linear . . . . B_l		-2	-1	0	$+1$	$+2$	$10 \cdot 9 = 90$
Quadratisch . . . . . B_q		$+2$	-1	-2	-1	$+2$	$14 \cdot 9 = 126$
Kubisch . . . . B_k		-1	$+2$	0	-2	$+1$	$10 \cdot 9 = 90$
Vierten Grades . . . . B_v		$+1$	-4	$+6$	-4	$+1$	$70 \cdot 9 = 630$

Auch diese Vergleiche sind, wie leicht nachzuprüfen ist, orthogonal.

Wie im Beispiel 12 kann man auch hier für die Wechselwirkungen die Summe der Quadrate auf die einzelnen Freiheitsgrade aufteilen. Wir begnügen uns damit, die Berechnung jener Komponenten vorzuführen, die sich als gesichert erweisen. Beispielsweise findet man für die Wechselwirkung zwischen der linearen Komponente von T (oder von S) mit der linearen und mit der quadratischen Komponente von B das folgende Koeffizientenschema, indem man die entsprechenden Koeffizienten der Komponenten der Hauptwirkungen miteinander multipliziert.

B_l		T_l		
		t_0	t_1	t_2
		-1	0	$+1$
b_0	-2	$+2$	0	-2
b_1	-1	$+1$	0	-1
b_2	0	0	0	0
b_3	$+1$	-1	0	$+1$
b_4	$+2$	-2	0	$+2$

Divisor: $20 \cdot 3 = 60$

B_q		T_l		
		t_0	t_1	t_2
		-1	0	$+1$
b_0	$+2$	-2	0	$+2$
b_1	-1	$+1$	0	-1
b_2	-2	$+2$	0	-2
b_3	-1	$+1$	0	-1
b_4	$+2$	-2	0	$+2$

Divisor: $28 \cdot 3 = 84$

Am einfachsten berechnet man diese Komponenten der Wechselwirkungen wie folgt: Zu jeder Stufe von B bestimmt man die lineare Komponente von T und von S; also beispielsweise für die Stufe b_0 die lineare Komponente von T

$$t_2 - t_0 = 350 - 718 = -368,$$

usw. Man erhält

Stufe von B	Lineare Komponente T_l	S_l
b_0	$-$ 368	216
b_1	$-$ 274	63
b_2	$-$ 255	25
b_3	$-$ 239	$-$ 5
b_4	$-$ 168	34
Summe	$-$1304	333

Schließlich bildet man für diese Werte die lineare oder die quadratische Komponente bezüglich B. Also etwa

$$B_q S_l = +2 \cdot 216 - 1 \cdot 63 - 2 \cdot 25 - 1\,(-5) + 2 \cdot 34 = 392 \,.$$

Die Ergebnisse aller dieser Berechnungen sind in der nachstehenden Übersicht zusammengefaßt.

Vergleich (Komponente)	Wirkung	Divisor	Freiheitsgrad	Summe der Quadrate ($=$ Durchschnittsquadrat)	
B_l	-2058	$10 \cdot 9 = 90$	1	47 059,6	. . .
B_q	$+\ 848$	$14 \cdot 9 = 126$	1	5 707,2	. . .
B_k	$-\ 499$	$10 \cdot 9 = 90$	1	2 766,7	. . .
B_v	$-\ 87$	$70 \cdot 9 = 630$	1	12,0	55 545,5
T_l	$+1304$	$2 \cdot 15 = 30$	1	56 680,5	. . .
T_q	$-\ 198$	$6 \cdot 15 = 90$	1	435,6	57 116,1
S_l	$+\ 333$	$2 \cdot 15 = 30$	1	3 696,3	. . .
S_q	$+\ 75$	$6 \cdot 15 = 90$	1	62,5	3 758,8
$B_l S_l$	$-\ 432$	$20 \cdot 3 = 60$	1	3 110,4	. . .
$B_l T_l$	$+\ 435$	$20 \cdot 3 = 60$	1	3 153,8	. . .
$B_q S_l$	$+\ 392$	$28 \cdot 3 = 84$	1	1 829,3	. . .

Da für $n_1 = 1$, $n_2 = 16$ aus der Tafel II ein Wert

$$F_{0,05} = 4,49 \,,$$

entnommen wird, und da die Versuchsstreuung 64,7 beträgt, wird man eine Wirkung dann als gesichert ansehen, wenn sie größer ist als

$$4,49 \cdot 64,7 = 290,5 \,.$$

Die Komponenten zweiten und dritten Grades für das Kaliumcyanid sind gesichert; die Reaktionszeiten fallen demnach nicht linear ab. Dabei ist zu beachten, daß die Konzentrationen so gewählt wurden, daß jede das fünffache der vorangehenden ist. Andererseits setzen die Berechnungen, die wir soeben durchführten, voraus, daß die Stufen der Faktoren in gleichen Abständen liegen. Im Grunde haben wir demnach mit den Logarithmen der Cyanidkonzentrationen gerechnet. Aus anderen Versuchen wird dieses Vorgehen ebenfalls nahegelegt.

Die Abnahme der Reaktionsdauern mit steigender Temperatur verläuft ebenfalls nicht linear; dagegen ergibt sich für die Zunahme bei steigendem Sauerstoffgehalt ein linearer Verlauf, obschon die Gehaltsstufen schwerlich als äquidistant angesehen werden können.

Von den Komponenten der Wechselwirkungen sind einzig jene zwischen B_l einerseits und T_l sowie S_l anderseits, und jene zwischen B_q und S_l gesichert.

Als drittes und letztes Beispiel eines Versuches für Faktoren mit mehr als zwei Stufen sei noch ein $4 \cdot 2$-Faktorenversuch kurz erörtert, der im lateinischen Quadrat angeordnet wurde.

Beispiel 14. Düngerversuch mit Kohl (Rothamsted Experimental Station, Report 1932, S. 167).

Dieser Versuch wurde im lateinischen Quadrat mit acht Spalten und Zeilen angeordnet; die Faktoren und ihre Stufen sind:

Ammoniumsulfat (N)	0	n_0
	0,2 cwt. N je acre	n_1
	0,4 cwt. N je acre	n_2
	0,8 cwt. N je acre	n_3
Mist (D)	0	d_0
	15 (engl.) Tonnen je acre	d_1

Es wurden in Parzellen von $20 \cdot 10$ ft. je 100 Pflanzen in Abständen von $2 \cdot 1$ ft. gezogen.

Der Versuch diente unter anderem zur Bestimmung des im Mist verfügbaren Stickstoffs. Wir beschränken uns hier grundsätzlich auf jene Seite des Versuches, die mit dem Planen zusammenhängt, und verweisen im übrigen auf die angegebene Quelle.

Plan und Grüngewichte in lb.

n_2d_1 230	n_3d_0 258	n_2d_0 242	n_0d_1 194	n_0d_0 145	n_1d_1 268	n_3d_1 285	n_1d_0 185	1807
n_0d_1 167	n_1d_1 176	n_3d_1 314	n_2d_0 196	n_2d_1 230	n_1d_0 198	n_3d_0 231	n_0d_0 136	1648
n_3d_0 240	n_2d_0 189	n_2d_1 280	n_0d_0 127	n_1d_1 240	n_0d_1 212	n_1d_0 148	n_3d_1 298	1734
n_1d_1 155	n_0d_1 142	n_1d_0 194	n_2d_1 222	n_3d_0 255	n_3d_1 318	n_0d_0 118	n_2d_0 208	1612
n_2d_0 180	n_2d_1 212	n_0d_1 204	n_3d_1 285	n_1d_0 171	n_0d_0 152	n_1d_1 258	n_3d_0 251	1713
n_0d_0 124	n_1d_0 176	n_3d_0 247	n_1d_1 155	n_3d_1 283	n_2d_0 170	n_2d_1 254	n_0d_1 208	1617
n_1d_0 177	n_3d_1 306	n_0d_0 146	n_3d_0 249	n_0d_1 203	n_2d_1 260	n_2d_0 184	n_1d_1 206	1731
n_3d_1 275	n_0d_0 145	n_1d_1 289	n_1d_0 213	n_2d_0 248	n_3d_0 274	n_0d_1 249	n_2d_1 258	1951
1548	1604	1916	1641	1775	1852	1727	1750	13 813

Als Auftakt zur Auswertung des Versuches stellen wir die Erträge für die
acht Verfahren zusammen, indem wir sie sogleich nach den beiden Faktoren
ordnen.

	d_0	d_1	Summe
n_0	1093	1579	2672
n_1	1462	1747	3209
n_2	1617	1946	3563
n_3	2005	2364	4369
Summe	6177	7636	13813

Diese Übersicht enthält die Ergebnisse des Versuches in gedrängter Form;
sie sind auch in der Fig. 8 anschaulich gemacht. Aus der Figur ist ersichtlich,
daß die steigenden Stickstoffmengen eine proportionale Erhöhung der Erträge
bewirken; die Zugabe von Mist bewirkt ebenfalls höhere Erträge, und zwar
für jede Stufe der Stickstoffdüngung im wesentlichen eine gleich große Erhöhung.

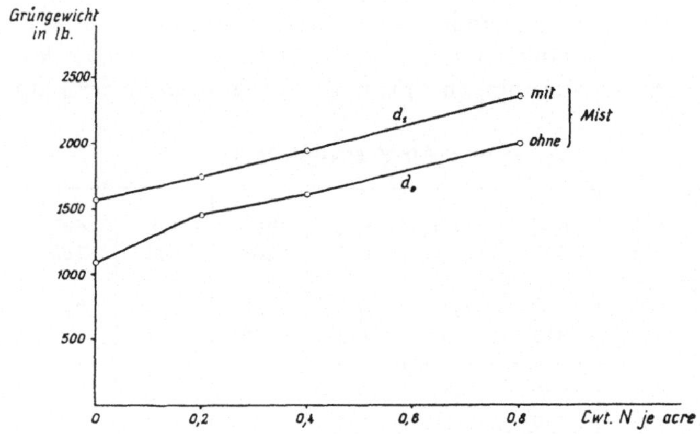

Fig. 8. Einfluß der Düngung auf das Grüngewicht

Obschon die Gaben an Ammoniumsulfat nicht in gleichen Schritten anstei-
gen, wenden wir wiederum dieselbe Methode der Zerlegung in orthogonale
Komponenten an. Für vier Stufen können wir eine lineare, eine quadratische
und eine kubische Komponente wie folgt ermitteln. Den Divisor haben wir in
dem Beispiel mit dem Faktor 16 zu versehen, da für jede Stufe des Faktors N
sechzehn Parzellen vorkommen.

Vergleich (Komponente)		n_0	n_1	n_2	n_3	Divisor
Linear	N_l	—3	—1	+1	+3	$20 \cdot 16 = 320$
Quadratisch	N_q	+1	—1	—1	+1	$4 \cdot 16 = 64$
Kubisch.	N_k	—1	+3	—3	+1	$20 \cdot 16 = 320$

Da der Faktor D nur in zwei Stufen vorkommt, gestaltet sich die Berechnung der Hauptwirkung D und der Wechselwirkungen $N_l D$, $N_q D$ und $N_k D$ besonders einfach. Man braucht lediglich für jede Stufe von N und für die Gesamterträge die Differenzen $d_1 - d_0$ zu bilden, und auf diese die oben angegebenen Vergleiche anzuwenden. Man findet zunächst

	n_0	n_1	n_2	n_3	Zusammen
$d_1 - d_0$	486	285	329	359	1459

Sodann wird

$$SQ(D) = 1459^2/64 = 33\,260{,}614 \; ;$$

sowie

$$SQ(N_l D) = (-3 \cdot 486 - 285 + 329 + 3 \cdot 359)^2/320 = 354{,}9 \; ;$$
$$SQ(N_q D) = (\qquad 486 - 285 - 329 + 359)^2/64 = 833{,}8 \; ;$$
$$SQ(N_k D) = (-486 + 3 \cdot 285 - 3 \cdot 329 + 359)^2/320 = 209{,}6 \; .$$

Nach diesen vorbereitenden Berechnungen läßt sich die Streuungszerlegung in der folgenden Form zusammenstellen.

Streuung	Freiheitsgrad	Summe der Quadrate	Durchschnittsquadrat
N_l	1	92650,1	92650,1
N_q	1	1130,6	1130,6
N_k	1	1260,1	1260,1
N	3	95040,8	...
D	1	33260,6	33260,6
$N_l D$	1	354,9	354,9
$N_q D$	1	833,8	833,8
$N_k D$	1	209,6	209,6
$N D$	3	1398,3	...
Zwischen Verfahren	7	129699,7	...
Zwischen Zeilen	7	11050,2	...
Zwischen Spalten	7	13593,0	...
Rest	42	18090,2	430,7
Insgesamt	63	172433,1	...

Da aus der Tafel II mit $n_1 = 1$, $n_2 = 42$

$$F_{0,05} = 4,07$$

zu entnehmen ist, sind nur jene Wirkungen gesichert, für welche das Durchschnittsquadrat größer ist als

$$4,07 \cdot 430,7 = 1752,9 \, .$$

Demnach ist nur D, sowie die lineare Komponente von N gesichert.

44 Vermengen von Wechselwirkungen mit Unterschieden zwischen Blöcken

In den vorangehenden Abschnitten wurde gezeigt, daß es in Versuchen mit mehreren Faktoren vorteilhaft ist, sämtliche Kombinationen der Stufen eines Faktors mit den Stufen aller anderen Faktoren einzubeziehen. Um den Versuchsfehler klein zu halten, sollte man überdies alle diese Kombinationen innerhalb eines „Blockes" von möglichst gleichartigen Versuchseinheiten ausführen. Hier zeigt sich indessen eine Schwierigkeit: recht bald wird die Zahl der Kombinationen derart groß, daß es schwer hält „Blöcke" mit noch einigermaßen gleichartigen Einheiten zu bilden. Schon mit drei Faktoren zu drei Stufen ergeben sich ja 27 Kombinationen; nicht nur in Feldversuchen, sondern auch anderswo ergeben sich Schwierigkeiten, Blöcke mit 27 Parzellen (Versuchseinheiten) zu bilden, die genügend homogen sind.

Diese Schwierigkeit kann indessen durch das sogenannte *Vermengen* (confounding) überwunden werden. Um die Größe der Blöcke (Zahl der Versuchseinheiten je Block) klein halten zu können, richtet man den Versuch so ein, daß eine oder mehrere der Wechselwirkungen zwischen zwei oder mehr Faktoren mit kleinerer Genauigkeit untersucht werden als die Hauptwirkungen und die übrigen Wechselwirkungen. Man geht dabei genau so vor, wie dies im Kapitel 3 dargelegt wurde. Da der Aussagewert von gewissen höheren Wechselwirkungen oft gering ist, kann ein solches Vorgehen unbedenklich empfohlen werden, weil dadurch die Hauptwirkungen und die übrigen Wechselwirkungen dank der kleineren Blockgröße mit höherer Genauigkeit bestimmt werden können.

Das Vermengen läßt sich am besten an Hand eines einfachen Beispieles erläutern. In einem Düngerversuch seien die drei Faktoren N, P und K jeder in zwei Stufen zu untersuchen. Dies ergibt die acht Kombinationen

$$(1), \, n, \, p, \, np, \, k, \, nk, \, pk, \, npk,$$

die entweder innerhalb von Blöcken zufällig anzuordnen sind (siehe Beispiel 11), oder auch in Form eines lateinischen Quadrates verwendet werden können. In 41 wurde gezeigt, wie die verschiedenen Haupt- und Wechselwirkungen als orthogonale Vergleiche ermittelt werden können.

Die Wechselwirkung NPK zwischen den drei Faktoren ist zweifelsohne von geringer praktischer Bedeutung; man kann sich daher leicht dazu entschließen, den Aufschluß, welcher aus dem Versuch über NPK zu ermitteln wäre, zugunsten der Hauptwirkungen N, P, K und der Wechselwirkungen NP, NK und PK zu opfern. Die Formel für die Wechselwirkung NPK lautet

$$NPK = n + p + k + npk - (1) - np - nk - pk \,. \tag{1}$$

Diesen Vergleich erhalten wir mit geringerer Genauigkeit, wenn wir die Kombinationen

$$n, p, k, npk \tag{2a}$$

einerseits und

$$(1), np, nk, pk \tag{2b}$$

anderseits innerhalb verschiedener Blöcke anordnen. Das bedeutet, daß wir statt Blöcke zu acht Parzellen, nunmehr Blöcke von vier Parzellen verwenden.

Jede Wiederholung der acht Kombinationen wird demnach in zwei Blöcke aufgeteilt, etwa so:

Wiederholung					Block
	np	(1)	pk	nk	I
1	n	npk	k	p	II
	k	p	npk	n	III
2	(1)	pk	nk	np	IV
	n	p	k	npk	V
3	pk	(1)	nk	np	VI

Innerhalb einer jeden Wiederholung werden die Gruppen von 4 Kombinationen (2a) und (2b) den beiden Blöcken zufällig zugeteilt; innerhalb der Blöcke werden die einzelnen Kombinationen den Parzellen ebenfalls zufällig zugeteilt.

Mit diesem Vorgehen erreicht man zunächst, daß die Wechselwirkung NPK nur *zwischen Blöcken* ermittelt werden kann. Da zwischen den Blöcken verhältnismäßig große Unterschiede der Bodenfruchtbarkeit bestehen, wird dadurch die Bestimmung von NPK entsprechend ungenau. Im Hinblick darauf ist die Bezeichnung „Vermengen" gewählt worden: die Wirkung NPK wird mit den Unterschieden der Bodenfruchtbarkeit zwischen den Blöcken vermengt.

Es bleibt nun noch zu zeigen, daß durch das Vermengen tatsächlich die Hauptwirkungen N, P, K und die Wechselwirkungen NP, NK, PK mit größerer Genauigkeit zu bestimmen sind, als wenn der Versuch in Blöcken mit acht Parzellen zufällig angeordnet würde. Zu diesem Zwecke schreiben wir die einzelnen Vergleiche zwischen den Kombinationen nochmals auf, und zwar so, daß die Kombinationen in der Reihenfolge von Formel (1) aufeinanderfolgen.

Vergleich (Wirkung)	n	p	k	npk	(1)	np	nk	pk
N	$+1$	-1	-1	$+1$	-1	$+1$	$+1$	-1
P	-1	$+1$	-1	$+1$	-1	$+1$	-1	$+1$
K	-1	-1	$+1$	$+1$	-1	-1	$+1$	$+1$
NP	-1	-1	$+1$	$+1$	$+1$	$+1$	-1	-1
NK	-1	$+1$	-1	$+1$	$+1$	-1	$+1$	-1
PK	$+1$	-1	-1	$+1$	$+1$	-1	-1	$+1$
NPK	$+1$	$+1$	$+1$	$+1$	-1	-1	-1	-1

Aus dieser Zusammenstellung ist ersichtlich, daß z. B. beim Vergleich N von den Kombinationen n, p, k, npk je zwei positiv und negativ zu nehmen sind, ebenso von den Kombinationen (1), np, nk und pk. Unterschiede der Bodenfruchtbarkeit *zwischen den Blöcken* vermögen demnach die Genauigkeit des Vergleiches N nicht zu beeinträchtigen. Wenn etwa im oben angegebenen Plan im Block I alle Erträge um 20 kg höher sind als diejenigen im Block II, so wird dadurch der Vergleich N nicht berührt, da für ihn zwei der Kombinationen in I positiv und zwei negativ zu nehmen sind, also der Unterschied zwischen den beiden Blöcken sich aufhebt.

Was für den Vergleich N gilt, trifft auch für die Vergleiche P, K, NP, NK und PK zu. Jedesmal finden wir in jedem Block zwei positiv und zwei negativ zu bewertende Kombinationen.

Alle Vergleiche, außer dem Vergleich NPK, der mit Unterschieden zwischen den Blöcken vermengt wurde, werden daher *innerhalb der Blöcke* bestimmt. Fruchtbarkeitsunterschiede zwischen den Blöcken sind für sie ohne Belang. Je kleiner aber die Zahl der Einheiten je Block ist, um so gleichartiger sind im allgemeinen die Einheiten innerhalb eines Blockes, und desto genauer die Vergleiche innerhalb des Blockes. Woraus folgt, daß in der Tat mit dem Vermengen eine Erhöhung der Genauigkeit für die nicht vermengten Vergleiche einhergeht.

Bis hierher haben wir angenommen, daß in jeder Wiederholung stets dieselbe Wechselwirkung vermengt werde. Man spricht in diesem Falle vom *vollständigen Vermengen*, im Gegensatz zum *teilweisen Vermengen*, bei welchem in jeder

Wiederholung eine andere Wechselwirkung mit den Unterschieden zwischen den Blöcken vermengt wird. Als Beispiel für teilweises Vermengen diene etwa der folgende Plan.

Wiederholung

1	2	3	4
Block I	Block III	Block V	Block VII

n	nk	p	npk	k	p	nk	(1)
pk	p	nk	(1)	np	nk	np	pk

k	(1)	np	k	n	pk	p	k
np	npk	pk	n	npk	(1)	n	npk

Block II	Block IV	Block VI	Block VIII
NP	NK	PK	NPK
vermengt	vermengt	vermengt	vermengt

In diesem Beispiel ist die Wechselwirkung NP in der ersten Wiederholung mit den Unterschieden zwischen den Blöcken I und II vermengt; dagegen können wir NP in den Wiederholungen 2, 3 und 4 innerhalb der Blöcke ermitteln, also mit erhöhter Genauigkeit. In gleicher Weise lassen sich alle übrigen Wechselwirkungen in je drei Wiederholungen mit erhöhter Genauigkeit untersuchen.

In 442 wird an einem Beispiel gezeigt, daß man die Zahl der Einheiten je Block weiter herabsetzen kann, wenn man in einer Wiederholung nicht bloß eine, sondern zwei Wechselwirkungen mit Unterschieden zwischen den Blöcken vermengt.

Im Rahmen dieses Buches, das als eine Einführung gedacht ist, beschränken wir uns darauf, ein Beispiel für einen Versuch mit vollständigem, und zwei für Versuche mit teilweisem Vermengen vorzuführen und deren Auswertung zu erörtern. Dagegen verzichten wir darauf, das Vermengen im allgemeinen, insbesondere auch bei drei Stufen, zu behandeln. Darüber findet der Leser bei FISHER, YATES, COCHRAN und COX. sowie bei KEMPTHORNE ausführliche Angaben.

441 Vollständiges Vermengen

Beim vollständigen Vermengen. solange also in jeder Wiederholung die gleiche Wechselwirkung mit Unterschieden zwischen den Blöcken vermengt wird, ist die Auswertung einfach; sie ist nach den Erläuterungen des Kapitels 3 ohne weiteres zu verstehen.

Beispiel 15. Düngerversuch mit Kartoffeln (Rothamsted Experimental Station, Report 1932, S. 184).

Die Faktoren, die in diesem Versuch untersucht wurden, und die dabei verwendeten Stufen sind nachstehend angegeben.

Ammoniumsulfat	(N)	0 und 0,4 cwt. N je acre;
Superphosphat	(P)	0 und 1,0 cwt. P_2O_5 je acre;
Kaliumsulfat	(K)	0 und 1,0 cwt. K_2O je acre .

Plan und Kartoffelerträge in lb. auf Parzellen von $^1/_{60}$ acre

Wiederholung 1				Wiederholung 2			
Block I		Block II		Block III		Block IV	
k	npk	(1)	nk	npk	k	nk	(1)
156	219	158	195	243	151	164	144
p	n	pk	np	n	p	np	pk
170	128	228	245	147	177	212	179
np	nk	npk	k	nk	np	p	k
160	83	202	134	152	164	143	96
pk	(1)	p	n	(1)	pk	n	npk
102	66	154	108	125	184	99	203
Block V		Block VI		Block VII		Block VIII	
Wiederholung 3				Wiederholung 4			

Mit 8 Blöcken und 4 Parzellen innerhalb eines jeden Blockes hat man 7 Freiheitsgrade zwischen den Blöcken und $8 \cdot 3 = 24$ Freiheitsgrade zwischen den Parzellen innerhalb der Blöcke.

Von den 7 Freiheitsgraden zwischen den Blöcken entsprechen 3 den Unterschieden zwischen den vier Wiederholungen, 1 Freiheitsgrad entspricht der Wechselwirkung NPK, die mit den Unterschieden zwischen den Blöcken vermengt ist, und die 3 restlichen Freiheitsgrade entsprechen der Wechselwirkung zwischen NPK und den Wiederholungen.

Die 24 Freiheitsgrade innerhalb der Blöcke lassen sich folgendermaßen deuten. Auf die Hauptwirkungen N, P und K entfällt je 1 Freiheitsgrad, auf die Wechselwirkungen NP, NK und PK ebenfalls je 1 Freiheitsgrad. Es bleiben 18 Freiheitsgrade, die sich in einfacher Weise auflösen lassen. In jeder der vier Wiederholungen können wir die Hauptwirkungen N, P und K sowie die Wechselwirkungen NP, NK und PK berechnen. Die Summe der Quadrate zwischen den vier so bestimmten Hauptwirkungen N hat drei Freiheitsgrade. Die Summe der Quadrate entspricht der Wechselwirkung zwischen N und den vier Wiederholungen. In gleicher Weise lassen sich die Wechselwirkungen der übrigen beiden Hauptwirkungen sowie der drei Wechselwirkungen zwischen je zwei Faktoren mit den Wiederholungen ermitteln. Sie ergeben zusammen die restliche Summe der Quadrate mit 18 Freiheitsgraden.

Für die Wechselwirkung NPK hat man als Versuchsstreuung die Wechselwirkung zwischen NPK und den Wiederholungen, mit 3 Freiheitsgraden. Ein

Versuchsfehler, der auf nur drei Freiheitsgraden beruht, ist praktisch nutzlos. Bei vollständigem Vermengen wird die vermengte Wechselwirkung nur dann einigermaßen richtig geprüft werden können, wenn die Zahl der Wiederholungen genügend groß ist.

Als Vorbereitung zur Auswertung des Versuches stellen wir zunächst die Ergebnisse nach Kombinationen und Blöcken geordnet zusammen.

	I	II	III	IV	V	VI	VII	VIII	Summe
(1)	...	158	...	144	66	...	125	...	493
n	128	...	147	...	...	108	...	99	482
p	170	...	177	...	...	154	...	143	644
np	...	245	...	212	160	...	164	...	781
k	156	...	151	...	...	134	...	96	537
nk	...	195	...	164	83	...	152	...	594
pk	...	228	...	179	102	...	184	...	693
npk	219	...	243	...	...	202	...	203	867
	673	826	718	699	411	598	625	541	
	1499		1417		1009		1166		5091

Nach dem in 42 angegebenen Schema finden wir die Hauptwirkungen und die Wechselwirkungen, indem wir fortgesetzt die Summen und Differenzen je zweier Werte der acht Kombinationen bilden.

		1.	2.	3.	
(1)	493	975	2400	5091	Summe
n	482	1425	2691	357	N
p	644	1131	126	879	P
np	781	1560	231	265	NP
k	537	—11	450	291	K
nk	594	137	429	105	NK
pk	693	57	148	—21	PK
npk	867	174	117	—31	NPK

Um die Streuungszerlegung in der endgültigen Form erstellen zu können, berechnen wir zunächst

$$SQ \text{ (insgesamt)} = 128^2 + 170^2 + \ldots + 96^2 + 203^2 - 5091^2/32 = 63582,179 \; ;$$

$$SQ \text{ (Wiederholungen)} = (1499^2 + 1417^2 + 1009^2 + 1166^2)/8 - 5091^2/32 = 19119,594 \; ;$$

$$SQ \text{ (Blöcke)} = (673^2 + 826^2 + \ldots + 625^2 + 541^2)/4 - 5091^2/32 = 27343,969 \; ;$$

Ferner müssen wir die Summen der Quadrate für die einzelnen Wirkungen berechnen. Als Divisor haben wir in jedem Falle $8 \cdot 4 = 32$.

$$
\begin{aligned}
SQ(N) &= 357^2 : 32 = 3\,982{,}781 \\
SQ(P) &= 879^2 : 32 = 24\,145{,}031 \\
SQ(NP) &= 265^2 : 32 = 2\,194{,}531 \\
SQ(K) &= 291^2 : 32 = 2\,646{,}281 \\
SQ(NK) &= 105^2 : 32 = 344{,}531 \\
SQ(PK) &= 21^2 : 32 = 13{,}781 \\
SQ(NPK) &= 31^2 : 32 = 30{,}031 \\
\hline
\text{Summe} & \qquad\qquad\quad 33\,356{,}967
\end{aligned}
$$

Wie wir wissen, ist NPK mit den Unterschieden zwischen den Blöcken vermengt; wir haben trotzdem $SQ(NPK)$ berechnet, da wir die obige Summe der SQ zu Kontrollzwecken mit der Summe der Quadrate zwischen den Verfahren vergleichen wollen. Für diese erhält man

$$
\begin{aligned}
SQ(\text{Verfahren}) &= (493^2 + 482^2 + \ldots + 693^2 + 876^2)/4 - 5091^2/32 \\
&= 33\,356{,}969 \, ,
\end{aligned}
$$

was, abgesehen von Rundungsfehlern mit der oben erhaltenen Summe übereinstimmt.

Wie in 31 können wir nun die gesamte Streuungszerlegung wie folgt bilden.

Streuung	Freiheitsgrad	Summe der Quadrate	Durchschnittsquadrat
NPK	1	30,031	30,031
Zwischen Wiederholungen . . .	3	19 119,594	6 373,198
$W \cdot (NPK)$	3	8 194,344	2 731,448
Zwischen Blöcken	7	27 343,969	3 906,281
N	1	3 982,781	3 982,781
P	1	24 145,031	24 145,031
K	1	2 646,281	2 646,281
NP	1	2 194,531	2 194,531
NK	1	344,531	344,531
PK	1	13,781	13,781
Zwischen Verfahren (ohne NPK)	6	33 326,936	. . .
Rest (innerhalb der Blöcke) . .	18	2 911,814	161,767
Zwischen Parzellen innerh. Bl. .	24	36 238,750	. . .
Insgesamt	31	63 582,719	. . .

Die Summe der Quadrate für die Wechselwirkung zwischen NPK und den Wiederholungen ergibt sich als Unterschied

$$SQ(W(NPK)) = 27\,343{,}969 - 30{,}031 - 19\,119{,}594 = 8194{,}344 \; ;$$

ebenso jene zwischen den Parzellen innerhalb der Blöcke

$$SQ(\text{Zwischen Parzellen innerh. Bl.}) = 63\,582{,}719 - 27\,343{,}969$$
$$= 36\,238{,}750 \; ;$$

sowie für die Summe der Quadrate für den Rest, innerhalb der Blöcke

$$SQ(\text{Rest, innerh. Bl.}) = 36\,238{,}750 - 33\,236{,}936 = 2911{,}814 \; .$$

Um prüfen zu können, welche Wirkungen gesichert sind, entnehmen wir der Tafel II mit $n_1 = 1$ und $n_2 = 18$

$$F_{0,05} = 4{,}41 \; ; \qquad F_{0,01} = 8{,}28$$

und bestimmen damit die kleinsten Durchschnittsquadrate, die den eben noch gesicherten Wirkungen entsprechen zu

$$4{,}41 \cdot 161{,}767 = 713{,}4 \; ;$$
$$8{,}28 \cdot 161{,}767 = 1339{,}4 \; .$$

Demnach sind alle Hauptwirkungen N, P und K stark gesichert, ebenso die Wechselwirkung NP. Diese Wechselwirkung kann man deutlich vorführen, indem man folgende Übersicht der Versuchsergebnisse erstellt.

Erträge ohne und mit Kaliumsulfat

	Ohne	Mit	Unterschied	
	Ammoniumsulfat			
Ohne ⎫ Super-	1030	1076	46	356
Mit ⎰ phosphat	1337	1648	311	
Unterschied	307	572	...	
	879			

Wenn Superphosphat vorhanden ist, bewirkt das Ammoniumsulfat eine weit stärkere Erhöhung des Ertrages als wenn kein Superphosphat gegeben wird.

Der Wirkungsgrad des Versuches ist durch das Vermengen erhöht worden, wenigstens für die Hauptwirkungen und für die Wechselwirkungen zwischen je zwei Faktoren. Um festzustellen, wie groß der Wirkungsgrad mit Vermengen ist gegenüber dem Versuch ohne Vermengen, gehen wir wiederum von der Annahme aus, wir hätten es mit einem Blindversuch zu tun.

Führte man den Versuch ohne Vermengen durch, so erhielte man in den vier Wiederholungen, die gleichzeitig die Blöcke bilden würden, je 8 Parzellen. Die Streuungszerlegung sähe demnach so aus:

Streuung	Freiheitsgrad
Zwischen Blöcken	3
Zwischen Verfahren	7
Rest	21
Insgesamt	31

Um die Streuungen in einem Blindversuch zu finden hat man zunächst die Summe der Quadrate zwischen den Blöcken in zwei Teile zu zerlegen, nämlich jene zwischen den Wiederholungen und jene innerhalb derselben.

Streuung	Freiheitsgrad	Summe der Quadrate	Durchschnittsquadrat
Zwischen Blöcken	7	27 343,969	. . .
Zwischen Wiederholungen . . .	3	19 119,594	. . .
Zwischen Blöcken innerhalb der Wiederholungen	4	8 224,375	2056,094

Das Durchschnittsquadrat für den Versuch ohne Vermengen findet man nach dem folgenden Schema, das wiederum jenem in 32 (Seite 77) entspricht.

Streuung	Freiheitsgrad		Summe der Quadrate	Durchschnittsquadrat
Zwischen Wiederholungen . . .	3			
NPK	1			
$W\,(NPK)$	3	} 4	2056,094	8224,375
Zwischen Blöcken	7			
Zwischen Verfahren (ohne NPK)	6			
Rest (innerhalb der Blöcke) . .	18	} 24	161,767	3882,408
Zwischen Parzellen innerh. der Blöcke	24			
Insgesamt	31	28		12 106,783

Als Versuchsstreuung findet man für den Versuch *ohne Vermengen* demnach

$$12\,106,783 : 28 = 432,385 = s_2^2 \, .$$

Als Versuchsstreuung für den Versuch *mit* Vermengen hatten wir demgegenüber

$$s_1^2 = 161{,}767 \ .$$

Ohne Vermengen hätte der Versuchsfehler $n_2 = 21$ Freiheitsgrade, mit Vermengen dagegen $n_1 = 18$ Freiheitsgrade.

Nach der Formel (3) von 13 findet man den relativen Wirkungsgrad des Versuches im Vergleich zu jenem ohne Vermengen mittels

$$\text{Rel. Wirkungsgrad} = \frac{(n_1 + 1)\,(n_2 + 3)\,s_2^2}{(n_2 + 1)\,(n_1 + 3)\,s_1^2}$$

$$= \frac{19 \cdot 24 \cdot 432{,}385}{22 \cdot 21 \cdot 161{,}767} = 2{,}638 \ .$$

Für die Wirkungen N, P, K, NP, NK und PK beträgt demnach der Wirkungsgrad des Versuches mit Vermengen das 2,6-fache des Wirkungsgrades für den Versuch ohne Vermengen. Dieser Gewinn an Präzision wurde dadurch erreicht, daß man grundsätzlich darauf verzichtete, über die Wechselwirkung NPK irgend einen Aufschluß zu erhalten.

442 Teilweises Vermengen

Wie am Schlusse des Abschnitts 44 erörtert wurde, kann man die Wechselwirkungen auch nur teilweise vermengen. Als Beispiel für den Plan und die Auswertung diene ein 2.2.2-Versuch.

Beispiel 16. Düngerversuch mit Kartoffeln (Institut für Tierzucht an der Eidgenössischen Technischen Hochschule Zürich, Versuchsgut Chamau).

Die drei verwendeten Faktoren und ihre Stufen sind folgende:

Kalisalz 30%	(K)	0 und 120 kg K_2O je ha;
Thomasmehl	(P)	0 und 80 kg P_2O_5 je ha;
Kalksalpeter	(N)	0 und 60 kg N je ha.

Der Versuch wurde auf Parzellen von 0,423 Aren durchgeführt. Die Erträge wurden auf die gleiche Zahl Stauden je Parzelle – 115 – umgerechnet. (Siehe Plan Seite 114).

Wie man leicht erkennt, sind die Wechselwirkungen folgendermaßen vermengt worden:

in der Wiederholung 1	NPK
,, ,, ,, 2	NP
,, ,, ,, 3	NK
,, ,, ,, 4	PK

Die Verfahren sind innerhalb der acht Blöcke zufällig angeordnet, ebenso die beiden Gruppen von je vier Verfahren innerhalb der vier Wiederholungen.

8*

Plan und Kartoffelerträge in kg

	Wiederholung 1				Wiederholung 2		
Block I		**Block II**		**Block III**		**Block IV**	
(1) 79,6	pk 94,6	n 87,5	p 94,8	np 87,5	k 89,7	nk 69,8	p 81,8
np 78,1	nk 85,8	npk 98,3	k 93,4	npk 97,2	(1) 86,2	n 69,0	pk 84,5
npk 88,8	p 81,8	k 84,3	pk 92,2	n 82,2	pk 93,9	p 68,5	np 64,4
nk 74,7	(1) 78,3	np 89,0	n 75,8	(1) 77,8	npk 92,9	k 75,1	nk 64,1
Block V		**Block VI**		**Block VII**		**Block VIII**	
	Wiederholung 3				Wiederholung 4		

Als ersten Schritt zur Auswertung stellt man die Erträge in der nachstehenden Übersicht zusammen.

Verfahren	1		2		3		4		Summe
	I	II	III	IV	V	VI	VII	VIII	
(1)	79,6	...	86,2	...	78,3	...	77,8	...	321,9
n	...	87,5	...	69,0	...	75,8	82,2	...	314,5
p	...	94,8	...	81,8	81,8	...	...	68,5	326,9
np	78,1	...	87,5	...	...	89,0	...	64,4	319,0
k	...	93,4	89,7	...	...	84,3	...	75,1	342,5
nk	85,8	...	...	69,8	74,7	...	...	64,1	294,4
pk	94,6	...	...	84,5	...	92,2	93,9	...	365,2
npk	...	98,3	97,2	...	88,8	...	92,9	...	377,2
Summe . . .	338,1	374,0	360,6	305,1	323,6	341,3	346,8	272,1	2661,6
	—	+	+	—	+	—	+	—	
Unterschied . .	+35,9		+55,5		—17,7		+74,7		
Vermengt . .	NPK		NP		NK		PK		

Am einfachsten geht die weitere Auswertung so vor sich, daß man die Wirkungen nach dem Schema von YATES ausrechnet und anschließend die durch das teilweise Vermengen bedingten Korrekturen vornimmt. Diese bestehen darin, die oben errechneten, mit den Blöcken vermengten Wechselwirkungen von den unten insgesamt erhaltenen zu subtrahieren. Für die Summe der Quadrate hat man zu berücksichtigen, daß alle vier Wechselwirkungen nur auf Grund von 24 Parzellen berechnet sind; als Divisor hat man demnach 24 statt 32.

Verfahren	Summen und Differenzen				Wirkung		Summe der Quadrate
(1)	321,9	636,4	1282,3	2661,6	...	Summe	...
n	314,5	645,9	1379,3	—51,4	—51,4	N	$(—51,4)^2/32 =$ 82,56
p	326,9	636,9	—15,3	115,0	115,0	P	$(115,0)^2/32 =$ 413,28
np	319,0	742,4	—36,1	59,6	59,6 — 55,5	NP	$(4,1)^2/24 =$ 0,70
k	342,5	—7,4	9,5	97,0	97,0	K	$(97,0)^2/32 =$ 294,03
nk	294,4	—7,9	105,5	—20,8	—20,8 + 17,7	NK	$(—3,1)^2/24 =$ 0,40
pk	365,2	—48,1	—0,5	96,0	96,0 — 74,7	PK	$(21,3)^2/24 =$ 18,90
npk	377,2	12,0	60,1	60,6	60,6 — 35,9	NPK	$(24,7)^2/24 =$ 25,42
							Summe . . . 835,29

Um die Streuungszerlegung durchführen zu können, sind noch die Summe der Quadrate insgesamt

$$SQ\,(\text{insgesamt}) = 79,6^2 + 78,1^2 + \ldots + 75,1^2 + 64,1^2 — 2661,6^2/32$$
$$= 2850,24$$

und die Summe der Quadrate zwischen den Blöcken

$$SQ(\text{zwischen Blöcken}) = (338,1^2 + 374,0^2 + \ldots + 346,8^2 + 272,1^2)/4 — 2661,6^2/32$$
$$= 1825,74$$

zu ermitteln. Die restliche Summe der Quadrate erhält man als Differenz

$$SQ\,(\text{Rest}) = 2850,24 — 1825,74 — 835,29 = 189,21\,.$$

Somit ergibt sich die folgende Streuungszerlegung.

Streuung	Freiheitsgrad	Durchschnitts- quadrat	Summe der Quadrate
N	1	82,56	82,56
P	1	413,28	413,28
K	1	294,03	294,03
NP	1	0,70	0,70
NK	1	0,40	0,40
PK	1	18,90	18,90
NPK	1	25,42	25,42
Zusammen	7	835,29	...
Zwischen Blöcken	7	1825,74	...
Rest	17	189,21	11,13
Insgesamt	31	2850,24	...

Mit $n_1 = 1$ und $n_2 = 17$ findet man $F_{0,05} = 4,45$ und $F_{0,01} = 8,40$. Somit sind die Wirkungen von P und K stark gesichert; auch die (negative) Wirkung von N ist noch gesichert. Von den Wechselwirkungen ist keine gesichert.

Auch hier kann man die Bedeutung der restlichen Summe der Quadrate auf einfache Art erklären. In der Tat lassen sich ja N, P, und K aus jeder der vier Wiederholungen einzeln errechnen. Die Summe der Quadrate für die vier so berechneten N hat 3 Freiheitsgrade. Von den 17 restlichen Freiheitsgraden lassen sich demnach 9 auf die Wechselwirkungen von N, P, und K mit den Wiederholungen zurückführen. Die Wechselwirkungen NP, NK, PK und NPK lassen sich in je drei Wiederholungen einzeln – und unabhängig von Unterschieden zwischen Blöcken – berechnen. Die Wechselwirkung zwischen NP und den Wiederholungen hat demnach 2 Freiheitsgrade. Dasselbe gilt für die Wechselwirkungen zwischen NK, PK und NPK mit den Wiederholungen, in denen sie nicht vermengt sind. Damit ist die Bedeutung der Summe der Quadrate für den Rest klargestellt.

Eine weitere Herabsetzung der Zahl der Einheiten je Block läßt sich erzielen, wenn man in einer Wiederholung nicht nur eine, sondern mehrere Wechselwirkungen mit Unterschieden zwischen Blöcken vermengt.

Ein 2.2.2.2-Faktorenversuch ergibt 16 Kombinationen. Wollte man einen solchen Versuch ohne Vermengen durchführen, so müßte jeder Block 16 Versuchseinheiten umfassen. Ein Versuch wird aber um so genauer ausfallen, je kleiner die Zahl der Versuchseinheiten in einem Block ist.

Vermengt man eine der Wechselwirkungen mit Unterschieden zwischen den Blöcken, so läßt sich die Zahl der Einheiten je Block von 16 auf 8 herabsetzen. Man kann indessen weitergehen und eine zweite Wechselwirkung mit Unterschieden zwischen den Blöcken vermengen; man erhält dann Blöcke mit 4 Einheiten. Dabei wird jedoch im allgemeinen eine dritte Wechselwirkung ebenfalls mit vermengt, da zwischen den Wechselwirkungen gewisse gesetzmäßige Beziehungen bestehen. Dies ist beispielsweise aus dem nachstehenden Schema ersichtlich, in welchem von vier Faktoren K, P, N und D die Wechselwirkungen KND und PND mit Unterschieden zwischen den Blöcken vermengt sind. (Siehe Schema Seite 117.)

Nach den Ausführungen in 41 kann man nachprüfen, daß die unten angegebenen Koeffizienten für KND, PND und KP richtig sind. Wenn wir somit die 16 Kombinationen in der angegebenen Weise auf die vier Blöcke verteilen, so sind dadurch KND und PND mit Unterschieden zwischen den Blöcken vermengt, gleichzeitig und unweigerlich aber auch KP.

Aus dem Schema ist ersichtlich, daß die Koeffizienten von KP durch Multiplikation aus denen von KND und PND hervorgehen. Andererseits kann man auch feststellen, daß die folgende Regel gilt. Multiplizieren wir die Symbole KND und PND, also

$$KND \cdot PND = KPN^2D^2$$

Block	Kombinationen	Vergleiche		
		KND	PND	KP
I	$. \, k . n .$	—1	+1	—1
	$. \, k . . d$	—1	+1	—1
	$. \, . p . .$	—1	+1	—1
	$. \, . pnd$	—1	+1	—1
II	$. \, k . . .$	+1	—1	—1
	$. \, k . nd$	+1	—1	—1
	$. \, . pn .$	+1	—1	—1
	$. \, . p . d$	+1	—1	—1
III	$. \, kp . .$	+1	+1	+1
	$. \, kpnd$	+1	+1	+1
	$. \, . . n .$	+1	+1	+1
	$. \, . . . d$	+1	+1	+1
IV	$(1) . . . .$	—1	—1	+1
	$. \, kpn .$	—1	—1	+1
	$. \, kp . d$	—1	—1	+1
	$. \, . . nd$	—1	—1	+1

und setzen wir für alle Buchstaben, die im Quadrat vorkommen, den Wert 1 ein, so wird

$$KND \cdot PND = KP .$$

Durch diese Regel findet man zwangsläufig aus zwei vermengten Wechselwirkungen die dritte vermengte Wechselwirkung.

Ohne weiter auf diese Gesetzmäßigkeiten einzugehen, geben wir nun ein Beispiel für einen Versuch mit teilweise vermengten Wechselwirkungen, den wir aus einem etwas verwickelteren Versuch durch Weglassen gewisser Einzelheiten zusammengestellt haben.

Beispiel 17. Düngerversuch mit Bohnen (Rothamsted Experimental Station, Report 1937, S. 162).

Die vier Faktoren und ihre Stufen sind

Kaliumchlorid (K)	0 und 1,0 cwt. K_2O je acre;
Superphosphat (P)	0 und 0,6 cwt. P_2O_5 je acre;
Kalziumnitrat (N)	0 und 0,4 cwt. N je acre;
Mist $\quad (D)$	0 und 10 (engl.) Tonnen je acre.

Plan und Erträge in lb. auf Parzellen von $^1/_{40}$ *acre*

Block

Wiederholung	p 56,3	kn 70,8	pnd 78,5	kd 94,3	I (299,9)
1 (1282,2)	knd 85,4	k 68,1	kn 72,3	pd 90,7	II (316,5)
	kp 90,1	$kpnd$ 96,3	n 79,1	d 78,5	III (344,0)
	kpd 98,1	kpn 77,7	(1) 63,7	nd 82,3	IV (321,8)
	kpd 94,1	pnd 86,4	kn 90,1	(1) 89,0	V (359,6)
2 (1316,3)	$kpnd$ 119,5	k 78,0	pd 84,5	n 92,1	VI (374,1)
	p 109,8	kpn 89,2	nd 73,7	kd 72,5	VII (345,2)
	kp 72,2	d 50,9	pn 56,7	knd 57,6	VIII (237,4)

Aus dem Plan ist zunächst ersichtlich, daß der Versuch 2 Wiederholungen der 16 Kombinationen umfaßt. Jede Wiederholung enthält 4 Blöcke zu 4 Parzellen. Demnach sind also in jeder Wiederholung 2 – bei genauerer Betrachtung 3 – Wechselwirkungen mit Unterschieden zwischen den Blöcken vermengt.

Man stellt weiter fest, daß in der ersten Wiederholung die Blöcke jene Kombinationen enthalten, die wir einleitend als Beispiel verwendeten. In der ersten Wiederholung sind demnach die Wechselwirkungen KND, PND und KP mit Unterschieden zwischen den Blöcken vermengt. In der zweiten Wiederholung sind es die Wechselwirkungen KND, KPN und PD.

Der Versuch gibt demnach in beiden Wiederholungen Aufschluß über die Hauptwirkungen K, P, N und D, über die Wechselwirkungen KN, KD, PN und ND von je zwei Faktoren, über die Wechselwirkung KPD zwischen drei Faktoren, und über die (einzige) Wechselwirkung zwischen den vier Faktoren, $KPND$. Aus der Wiederholung 1 allein können wir die Wechselwirkungen PD und KPN, aus der Wiederholung 2 die Wechselwirkungen KP und PND ermitteln. Da KND in beiden Wiederholungen vermengt wurde, gibt uns der Versuch über diese Wechselwirkung keinen Aufschluß.

Block	Kombi-nationen	W	1	2	3	4	5	6	K	P	N	D	KP	KN	KD	PN	PD	ND	KPN	KPD	PND	KPND
			Blöcke						Vergleiche													
I	. k . n .	+	−	−	+	0	0	0	+	−	+	−	0	+	−	−	+	−	−	+	0	+
	. k . . d	+	−	−	+	0	0	0	+	−	−	+	0	−	+	+	−	−	+	−	0	+
	. . p . .	+	−	−	+	0	0	0	−	+	−	−	0	+	+	−	−	+	+	+	0	−
	. . p n d	+	−	−	+	0	0	0	−	+	+	+	0	−	−	+	+	+	−	−	0	−
II	. k . . .	+	−	+	−	0	0	0	+	−	−	−	0	−	−	+	+	+	+	+	0	−
	. k . n d	+	−	+	−	0	0	0	+	−	+	+	0	+	+	−	−	+	−	−	0	−
	. . p n .	+	−	+	−	0	0	0	−	+	+	−	0	−	+	+	−	−	−	+	0	+
	. . p . d	+	−	+	−	0	0	0	−	+	−	+	0	+	−	−	+	−	+	−	0	+
III	. k p . .	+	+	+	+	0	0	0	+	+	−	−	0	−	−	−	−	+	−	−	0	+
	. k p n d	+	+	+	+	0	0	0	+	+	+	+	0	+	+	+	+	+	+	+	0	+
	. . . n .	+	+	+	+	0	0	0	−	−	+	−	0	−	+	−	+	−	+	−	0	−
	. . . . d	+	+	+	+	0	0	0	−	−	−	+	0	+	−	+	−	−	−	+	0	−
IV	(1)	+	+	−	−	0	0	0	−	−	−	−	0	+	+	+	+	+	−	−	0	+
	. k p n .	+	+	−	−	0	0	0	+	+	+	−	0	+	−	+	−	−	+	−	0	−
	. k p . d	+	+	−	−	0	0	0	+	+	−	+	0	−	+	−	+	−	−	+	0	−
	. . . n d	+	+	−	−	0	0	0	−	−	+	+	0	−	−	−	−	+	+	+	0	+
V	(1)	−	0	0	0	+	−	−	−	−	−	−	+	+	+	+	0	+	0	−	−	+
	. k p . d	−	0	0	0	+	−	−	+	+	−	+	+	−	+	−	0	−	0	+	−	−
	. k . n .	−	0	0	0	+	−	−	+	−	+	−	−	+	−	−	0	−	0	+	+	+
	. . p n d	−	0	0	0	+	−	−	−	+	+	+	−	−	−	+	0	+	0	−	+	−
VI	. k . . .	−	0	0	0	+	+	+	+	−	−	−	−	−	−	+	0	+	0	+	−	−
	. k p n d	−	0	0	0	+	+	+	+	+	+	+	+	+	+	+	0	+	0	+	+	+
	. . p . d	−	0	0	0	+	+	+	−	+	−	+	−	+	−	−	0	−	0	−	−	+
	. . . n .	−	0	0	0	+	+	+	−	−	+	−	+	−	+	−	0	−	0	−	+	−
VII	. k p n .	−	0	0	0	−	−	+	+	+	+	−	+	+	−	+	0	−	0	−	−	−
	. k . . d	−	0	0	0	−	−	+	+	−	−	+	−	−	+	+	0	−	0	−	+	+
	. . p . .	−	0	0	0	−	−	+	−	+	−	−	−	+	+	−	0	+	0	+	+	−
	. . . n d	−	0	0	0	−	−	+	−	−	+	+	+	−	−	−	0	+	0	+	−	+
VIII	. k p . .	−	0	0	0	−	+	−	+	+	−	−	+	−	−	−	0	+	0	−	+	+
	. k . n d	−	0	0	0	−	+	−	+	−	+	+	−	+	+	−	0	+	0	−	−	−
	. . p n .	−	0	0	0	−	+	−	−	+	+	−	−	−	+	+	0	−	0	+	−	+
	. . . . d	−	0	0	0	−	+	−	−	−	−	+	+	+	−	+	0	−	0	+	+	−

Spaltenköpfe der Vergleiche: W | Blöcke 1 2 3 4 5 6 | K P N D | KP KN KD PN PD ND | KPN KPD PND | KPND

Vermengt: KP / KND — PND / PD — KND / KPN　in W_1 / in W_2

Um sich über den inneren Aufbau des Versuches klar zu werden, ist es auch hier nützlich, das Schema der Koeffizienten für die Unterschiede zwischen Blöcken und für die Haupt- und Wechselwirkungen der vier Faktoren aufzustellen. Da neben Null nur die Koeffizienten +1 und —1 vorkommen, lassen wir die 1 weg und setzen nur die Vorzeichen ein.

Die 7 Freiheitsgrade zwischen den Blöcken lassen sich aufteilen in einen
Freiheitsgrad zwischen den Wiederholungen und zweimal 3 Freiheitsgrade
innerhalb der Wiederholungen. Jedem der letztgenannten 6 Freiheitsgrade entspricht eine vermengte Wechselwirkung. Aus der obigen Übersicht ist zu entnehmen, daß alle Hauptwirkungen und die nicht vermengten Wechselwirkungen in jedem Block zwei positive und zwei negative Vorzeichen aufweisen, und
demnach durch Unterschiede zwischen den Blöcken nicht berührt werden.
Diese Wirkungen sind demnach Vergleiche *innerhalb* der Blöcke. Dasselbe gilt
für jene Wechselwirkungen, die aus einer Wiederholung ermittelt werden
können.

Nach diesen einleitenden Erläuterungen, die hier nur deshalb so ausführlich
gehalten sind, um den Versuchsplan möglichst von allen Seiten zu beleuchten,
läßt sich die Streuungszerlegung unschwer durchführen. Zuerst wird wie immer
die

$$SQ\,(\text{insgesamt}) = 7300{,}550$$

berechnet, sodann die

$$SQ\,(\text{zwischen Blöcken}) = 3190{,}747\;.$$

Die SQ (zwischen Blöcken) kann man nachprüfen, indem man für jeden der
7 Freiheitsgrade die Summe der Quadrate entsprechend dem Schema auf
Seite 119 berechnet. Man hat zunächst

$$SQ\,(\text{zwischen Wiederholungen}) = (1316{,}3 - 1282{,}2)^2/32 = 36{,}338\;.$$

Die $SQ\,(B_1)$ findet man wie folgt. Der Vergleich B_1 besteht darin, die Summe
der Blöcke I und II von der Summe der Blöcke III und IV abzuziehen, also

$$344{,}0 + 321{,}8 - 299{,}9 - 316{,}5 = +49{,}4\;.$$

Die Summe der Quadrate für B_1 ist

$$SQ\,(B_1) = 49{,}4^2 : 16 = 152{,}522\;;$$

wobei der Divisor 16 dadurch bedingt ist, daß für den Vergleich nur 16 Parzellen
verwendet werden, wie aus dem Schema ersichtlich ist. Entsprechend findet
man für die übrigen Unterschiede zwischen den Blöcken:

$$SQ\,(B_2) = (+\ 38{,}8)^2/16 = \quad\ 94{,}090\;;$$
$$SQ\,(B_3) = (+\ \ 5{,}6)^2/16 = \quad\ \ 1{,}960\;;$$
$$SQ\,(B_4) = (+151{,}1)^2/16 = 1426{,}951\;;$$
$$SQ\,(B_5) = (-\ 93{,}3)^2/16 = \quad 544{,}056\;;$$
$$SQ\,(B_6) = (+122{,}3)^2/16 = \quad 934{,}831\;.$$

Die Summe dieser sieben SQ gibt in der Tat – abgesehen von einem kleinen Rundungsfehler – die SQ (zwischen Blöcken).

Der nächste Schritt besteht darin, die Summe der Quadrate für die Wirkungen zu berechnen. Zu diesem Zwecke benützen wir wiederum das Rechenschema von YATES und finden:

Kombination	Erträge	Summen und Differenzen				
		1.	2.	3.	4.	
(1)	152,7	298,8	627,2	1255,2	2598,5	Summe
k	146,1	328,4	628,0	1343,3	109,5	K
p	166,1	332,1	663,6	17,2	146,3	P
kp	162,3	295,9	679,7	92,3	94,5	KP
n	171,2	296,2	—10,4	—6,6	16,9	N
kn	160,9	367,4	27,6	152,9	21,5	KN
pn	129,0	299,0	54,4	51,0	—55,3	PN
kpn	166,9	380,7	37,9	43,5	129,7	KPN
d	129,4	—6,6	29,6	0,8	88,1	D
kd	166,8	—3,8	—36,2	16,1	75,1	KD
pd	175,2	--10,3	71,2	38,0	159,5	PD
kpd	192,2	37,9	81,7	—16,5	—7,5	KPD
nd	156,0	37,4	2,8	—65,8	15,3	ND
knd	143,0	17,0	48,2	10,5	—54,5	KND
pnd	164,9	—13,0	—20,4	45,4	76,3	PND
$kpnd$	215,8	50,9	63,9	84,3	38,9	$KPND$

Für die nicht vermengten Wirkungen findet man die Summe der Quadrate in der üblichen Weise; zum Beispiel für K:

$$SQ\,(K) = 109{,}5^2/32 = 374{,}695 \ .$$

Für jene Wechselwirkungen, über die nur aus einer Wiederholung Aufschluß erhältlich ist, enthalten die oben berechneten Vergleiche noch den Anteil aus der andern Wiederholung, in welcher die Wirkung mit den Blöcken vermengt ist. Um die betreffende Wirkung „rein" zu erhalten, muß vom oben erhaltenen Wert die entsprechende Differenz zwischen den Blöcken abgezogen werden. Zum Beispiel hat man für KP den Wert 94,5 erhalten; davon ist $B_1 = 49{,}4$ zu subtrahieren, also

$$KP = 94{,}5 — 49{,}4 = 45{,}1 \ .$$

Da diese Wechselwirkung nur aus der zweiten Wiederholung stammt, hat man als Divisor bei der Berechnung der Summe der Quadrate 16. Also:

$$SQ(KP) = 45,1^2 : 16 = 127,126\,.$$

Das Ergebnis der Berechnungen läßt sich in der folgenden Streuungszerlegung zusammenfassen:

Streuung	Freiheitsgrad	Summe der Quadrate	Durchschnittsquadrat
K	1	374,695	374,695
P	1	668,865	668,865
N	1	8,925	8,925
D	1	242,550	242,550
KN	1	14,445	14,445
KD	1	176,250	176,250
PN	1	95,565	95,565
ND	1	7,315	7,315
KP aus nur einer Wieder-	1	127,126	127,126
PD holung	1	4,410	4,410
KPD	1	1,758	1,758
KPN aus nur einer Wieder-	1	3,422	3,422
PND holung	1	312,406	312,406
$KPND$	1	47,288	47,288
Zusammen, Verfahren	14	2085,020	. . .
Zwischen Blöcken	7	3190,747	455,821
Rest	10	2024,783	202,478
Insgesamt	31	7300,550	. . .

Da mit $n_1 = 1$, $n_2 = 10$ aus der Tafel II

$$F_{0,05} = 4,96$$

zu entnehmen ist, ergibt sich, daß ein Durchschnittsquadrat größer als

$$4,96 \cdot 202,478 = 1004,291$$

sein muß, damit eine der Wirkungen als gesichert angesehen werden kann. Demnach ist keine der Wirkungen gesichert. Dazu sei bemerkt, daß im vollen Versuch, aus dem wir wie einleitend bemerkt, nur einen Ausschnitt wiedergegeben haben, die Wirkung der Stickstoffdüngung gesichert ist.

Abschließend sei noch gezeigt, wie auch die restliche Summe der Quadrate in einzelne Freiheitsgrade aufgelöst werden kann. Es handelt sich dabei um Vergleiche *innerhalb der Blöcke,* da sie zu den 24 Freiheitsgraden innerhalb der Blöcke gehören, von denen 14 auf die Wirkungen, und somit 10 auf den Versuchsfehler entfallen.

Eine nähere Betrachtung des Versuchsplans, oder besser noch des Koeffizientenschemas auf Seite 119 zeigt, daß sich die vier Kombinationen in jedem Block in zwei Gruppen aufteilen lassen, wobei jeder Gruppe in einem Block dieselbe Gruppe in einem Block der andern Wiederholung entspricht. Im Block I zum Beispiel haben wir die beiden Gruppen

$$kd, p \qquad \text{und} \qquad kn, pnd,$$

wovon die erste auch im Block VII, die zweite im Block V vorkommt. Der Unterschied zwischen

$$(p - kd \text{ im Block I}) \qquad \text{und} \qquad (p - kd \text{ im Block VII})$$

stellt eine Wechselwirkung der beiden Kombinationen kd und p mit den beiden Blöcken I und VII dar.

Entsprechend bedeutet der Unterschied zwischen

$$(kn - pnd \text{ im Block I}) \qquad \text{und} \qquad (kn - pnd \text{ im Block V})$$

die Wechselwirkung der beiden Kombinationen kn und pnd mit den beiden Blöcken I und V.

Da in jeder Wiederholung vier Blöcke vorhanden sind, ergeben sich derart 8 Wechselwirkungen mit je 1 Freiheitsgrad. Für die beiden restlichen Freiheitsgrade findet man die zugehörigen Vergleiche, wenn man versucht, auch die *Summen* der Kombinationen in jeder der vorhin betrachteten Gruppen miteinander in Beziehung zu setzen. Man findet, daß sich alle diese Gruppen derart ordnen lassen, daß je 8 zusammengehören. Am besten lassen sich die Vergleiche in der folgenden Darstellung überblicken. (Siehe Seite 124.)

Damit ergeben sich 10 Vergleiche, die gegenseitig orthogonal sind, wie leicht festzustellen ist. Sie sind aber nicht nur unter sich, sondern auch zu allen frühern Vergleichen orthogonal. Man kann also, wenn man will, die restliche Summe der Quadrate aus den einzelnen Freiheitsgraden aufbauen. Beispielsweise findet man für den Vergleich R_1:

$$p - kd \text{ in Block I} \qquad 56{,}3 - 94{,}3 = -38{,}0$$
$$p - kd \text{ in Block VII} \qquad 109{,}8 - 72{,}5 = 37{,}3$$

und demnach

$$R_1 = -38{,}0 - 37{,}3 = -75{,}3 \;.$$

Block	Kombination	Vergleich									
		R_1	R_2	R_3	R_4	R_5	R_6	R_7	R_8	R_9	R_{10}
I	. *k* . *n*.		+							−	
	. *k* . . *d*	−								+	
	. . *p* . .	+								+	
	. . *pnd*		−							−	
II	. *k* . . .								+		−
	. *k* . *nd*							+			+
	. . *pn* .							−			+
	. . *p* . *d*								−		+
III	. *kp* . .					+					−
	. *kpnd*						+				+
	. . . *n* .						−				+
	. . . . *d*					−					−
IV	(1)			−						+	
	. *kpn* .				+					−	
	. *kp* . *d*			+						+	
	. . . *nd*				−					−	
V	(1)			+						−	
	. *kp* . *d*			−						−	
	. *k* . *n* .		−							+	
	. . *pnd*		+							+	
VI	. *k* . . .								−		+
	. *kpnd*						−				−
	. . *p* . *d*								+		+
	. . . *n* .						+				−
VII	. *kpn* .				−					+	
	. *k* . . *d*	+								−	
	. . *p* . .	−								−	
	. . . *nd*				+					+	
VIII	. *kp* . .					−					+
	. *k* . *nd*							−			−
	. . *pn* .							+			−
	. . . . *d*					+					+

Da in diesen Vergleich nur 4 Einzelwerte eingehen, und jeder mit dem Koeffizienten +1 oder —1, benützt man die Zahl 4 als Divisor beim Berechnen der Summe der Quadrate. Demnach wird

$$SQ(R_1) = 75{,}3^2 : 4 = 1417{,}522 \ .$$

In derselben Weise geht man für die übrigen R vor; nur muß für die beiden letzten als Divisor 16 berücksichtigt werden. Die Ergebnisse lauten:

$$SQ\,(R_2) \;= (-11{,}4)^2 : \;\; 4 = \;\; 32{,}490 \;;$$
$$SQ\,(R_3) \;= (\;\;\; 29{,}3)^2 : \;\; 4 = 214{,}622 \;;$$
$$SQ\,(R_4) \;= (-20{,}1)^2 : \;\; 4 = 101{,}002 \;;$$
$$SQ\,(R_5) \;= (-\;\, 9{,}7)^2 : \;\; 4 = \;\; 23{,}522 \;;$$
$$SQ\,(R_6) \;= (-10{,}2)^2 : \;\; 4 = \;\; 26{,}010 \;;$$
$$SQ\,(R_7) \;= (\;\;\; 12{,}2)^2 : \;\; 4 = \;\; 37{,}210 \;;$$
$$SQ\,(R_8) \;= (-16{,}1)^2 : \;\; 4 = \;\; 64{,}802 \;;$$
$$SQ\,(R_9) \;= (-22{,}9)^2 : 16 = \;\; 32{,}776 \;;$$
$$SQ\,(R_{10}) = (-34{,}6)^2 : 16 = \;\; 74{,}822 \;.$$

Als Summe dieser SQ erhält man 2024,778, was mit der restlichen Summe der Quadrate in der Streuungszerlegung übereinstimmt, abgesehen von Rundungsfehlern.

45 Teilweise wiederholte Versuche

In Versuchen mit mehreren Faktoren sind in der Regel die Hauptwirkungen und die Wechselwirkungen zwischen je zwei Faktoren wichtig. Dagegen darf man oft annehmen, daß die Wechselwirkungen zwischen drei und mehr Faktoren unerheblich sind. Da man aber vielfach noch weitere Faktoren kennt, deren Einbezug in den Versuch gerechtfertigt wäre, wurde man darauf geführt, an Stelle bestimmter höherer Wechselwirkungen die Hauptwirkung eines weiteren Faktors einzuführen.

Die dabei auftretenden Fragen wollen wir zunächst an einem einfachen Fall grundsätzlich erörtern; hernach wird ein Beispiel aus der industriellen Forschung vorgeführt.

In einem Versuch mit drei Faktoren A, B, C zu zwei Stufen (2.2.2-Versuch) lautet bekanntlich die Wechselwirkung aller drei Faktoren

$$ABC = a + b + c + abc - (1) - ab - ac - bc\,.$$

Wenn wir aus früheren Versuchen oder sonstwie wissen, daß die dreifache Wechselwirkung zweifellos im Rahmen zufälliger Unterschiede bleibt, so kann man einen neuen Faktor D einführen. Man wird einfach in den Kombinationen

$$a,\, b,\, c,\, abc$$

den neuen Faktor D in der oberen Stufe hinzufügen, in den Kombinationen

$$(1), \, ab, \, ac, \, bc$$

dagegen in der unteren Stufe. Der Vergleich D entspricht dann dem Vergleich ABC; man kann auch sagen, D sei mit ABC vermengt.

Bei diesem Vorgehen ist indessen Vorsicht angezeigt! Es ist nötig, genau abzuklären, welche weiteren Folgen die Einführung des neuen Faktors auf den Plan des ganzen Versuches mit sich zieht. Betrachten wir beispielsweise die Wechselwirkung von A mit dem neuen Faktor D. Nach den Erläuterungen im Abschnitt 442 finden wir für die Wechselwirkung AD, da

$$D = ABC \tag{1}$$

$$AD = A(ABC) = A^2BC = BC \,. \tag{2}$$

Die Wechselwirkung der Faktoren A und D ist somit gleich der Wechselwirkung der Faktoren B und C. Genauer gesagt: Um die Wechselwirkungen AD und BC zu bestimmen, müßte man sich desselben Vergleiches zwischen den acht Kombinationen bedienen:

$$AD = BC = (1) + a + bc + abc - b - c - ab - ac \,.$$

Wie leicht festzustellen ist, gelten auch die Beziehungen

$$BD = AC \quad \text{und} \quad CD = AB \,. \tag{3}$$

Unter diesen Umständen kann offensichtlich die Einführung eines neuen Faktors D an Stelle von ABC nicht empfohlen werden, da dies zur Folge hätte, daß keine der Wechselwirkungen zwischen je zwei Faktoren unbeeinflußt ermittelt werden könnte. Nur für den Fall, daß einzig die Hauptwirkungen zu bestimmen wären, könnte ein derartiger Versuch in Frage kommen.

Das Wesentliche an diesem Versuchsplan ist, daß in ihm 4 Faktoren zu 2 Stufen nur mit 8 Kombinationen geprüft werden, statt mit 16, wie dies beim vollen 2.2.2.2-Versuch notwendig wäre. Man benötigt also nur einen Teil der vollständigen Wiederholung, im vorliegenden Fall nur die Hälfte. Daher die Bezeichnung halbe Wiederholung für den besonderen Fall und teilweise Wiederholung (fractional replicate) im allgemeinen.

In jedem Versuch mit teilweiser Wiederholung ist es unerläßlich, sich den Plan besonders umsichtig zu überlegen. Wie man dabei vorgeht, zeigt das folgende einfache Beispiel.

Beispiel 18. Einfluß verschiedener Faktoren auf die polarimetrisch bestimmte optische Drehung von Kakaomasse (Chocoladefabriken Lindt & Sprüngli A.G., Kilchberg-Zürich).

In dem Versuch wurden die folgenden sechs Faktoren untersucht, jeder zu zwei Stufen:

Lösungsdauer	A	20 und 40 Minuten;
Lösungstemperatur	B	50—$55^0 C$ und 80—85^0 C;
Klärtemperatur	C	25—30^0 C und 50—55^0 C;
Menge Klärmittel	D	2 und 4 ml Somogyi II je 10 g Schokolade;
Konzentration der Schokolade	E	5 und 10 g Schokolade je 100 ml;
p_H-Wert	F	7,0 und 8,1.

Über die Ergebnisse des Versuches geben die folgenden Angaben Aufschluß:

Benützte Kombinationen und optische Drehung (mal 1000)

Kombination	Wert	Kombination	Wert
(1)	28	$. a \ldots f$	30
$. ab \ldots$	18	$. .b \ldots f$	16
$. a.c \ldots$	17	$. ..c..f$	20
$. .bc \ldots$	14	$. abc..f$	12
$. a..d..$	14	$. ...d.f$	35
$. .b.d..$	16	$. ab.d.f$	14
$. ..cd..$	18	$. a.cd.f$	15
$. abcd..$	24	$. .bcd.f$	25
$. a...e.$	70	$. ....ef$	68
$. .b..e.$	54	$. ab..ef$	26
$. ..c.e.$	54	$. a.c.ef$	59
$. abc.e.$	30	$. .bc.ef$	12
$. ...de.$	48	$. a..def$	32
$. ab.de.$	54	$. .b.def$	40
$. a.cde.$	33	$. ..cdef$	28
$. .bcde.$	38	$. abcdef$	32

Wie ein Blick auf diese Übersicht lehrt, hat man, soweit die fünf Faktoren A, B, C, D und E in Frage stehen, auf der linken Seite der Zusammenstellung (untere Stufe von F) immer eine gerade Zahl von Buchstaben a, b, c, d oder e; auf der rechten Seite (obere Stufe F) dagegen immer eine ungerade Zahl. Das bedeutet nichts anderes als

$$F = ABCDE, \tag{4}$$

wobei also angenommen wird, die Wechselwirkung der fünf ersten Faktoren liege im Rahmen der Versuchsstreuung, was wohl ohne Zweifel der Fall ist.

Der Versuch ist demnach in einer halben Wiederholung angelegt; statt aller 64 Kombinationen benützen wir nur deren 32. Um ihn auszuwerten, muß man sich mit seinem inneren Aufbau genau vertraut machen. Betrachten wir zunächst die Wechselwirkungen des eingefügten Faktors mit den übrigen. Man hat für FA

$$AF = A(ABCDE) = A^2 BCDE = BCDE\,, \tag{5a}$$

und entsprechend findet man

$$\left.\begin{aligned} BF = ACDE\,; \quad CF = ABDE\,; \quad DF = ABCE\,; \\ EF = ABCD\,. \end{aligned}\right\} \tag{5b}$$

Man darf wohl auch annehmen, daß die Wechselwirkungen von je vier Faktoren belanglos seien; das bedeutet, daß die Wechselwirkungen des eingefügten Faktors F mit jedem der übrigen Faktoren ermittelt werden können.

Wie verhält es sich mit den Wechselwirkungen zwischen je zwei der Faktoren A, B, C, D und E? Betrachten wir etwa die Wechselwirkung AB. Nach der Regel von 442 ist

$$AB = ABF^2 = (AF)\,(BF) \tag{6}$$

und, da man rechts AF nach (5a) durch $BCDE$ ersetzen kann, findet man

$$AB = (BCDE)\,(BF) = B^2 CDEF = CDEF\,. \tag{7a}$$

Entsprechend wird auch

$$\left.\begin{aligned} AC = BDEF\,; \quad AD = BCEF\,; \quad AE = BCDF\,; \\ BC = ADEF\,; \quad BD = ACEF\,; \quad BE \quad ACDF\,; \\ CD = ABEF\,; \quad CE = ABDF\,; \\ DE = ABCF\,. \end{aligned}\right\} \tag{7b}$$

Aus diesen Beziehungen darf man schließen, daß auch die Wechselwirkungen zwischen je zwei der ursprünglichen Faktoren A bis E aus dem Versuch ermittelt werden können, da sie jeweils einer Wechselwirkung zwischen vier Faktoren entsprechen, die man füglich wird vernachlässigen dürfen.

In entsprechender Weise findet man für die Wechselwirkungen zwischen je drei Faktoren folgende Beziehungen:

$$\left.\begin{aligned} ABC = DEF\,; \quad ABD = CEF\,; \quad ABE = CEF\,; \quad ACD = BEF\,; \\ ACE = BDF\,; \quad ADE = BDF\,; \quad BCD = AEF\,; \\ BCE = ADF\,; \quad BDE = ACF\,; \quad CDE = ABF\,. \end{aligned}\right\} \tag{8}$$

Bei der Auswertung des Versuches wird man die Summen der Quadrate, die den 10 Wechselwirkungen zwischen je drei Faktoren entspricht, als Versuchsfehler betrachten. Das setzt voraus, daß keine der Wechselwirkungen (8) von Bedeutung sei.

Die 31 Freiheitsgrade zwischen den 32 Werten lassen sich somit wie folgt gliedern: 6 Freiheitsgrade entsprechen den Hauptwirkungen, 15 Freiheitsgrade den Wechselwirkungen zwischen je zwei Faktoren, 10 Freiheitsgrade der Versuchsstreuung.

Um die Hauptwirkungen und die Wechselwirkungen zu berechnen, kann man sich des Schemas von YATES nicht bedienen; dazu müßte die volle Wiederholung, das heißt sämtliche 64 Kombinationen der 6 Faktoren zu zwei Stufen vorliegen. In Ermangelung der einfachen Methode kann man auf zwei Arten vorgehen. Die Hauptwirkungen lassen sich ohne weiteres aus der Übersicht der Ergebnisse auf Seite 127 ausrechnen. Die Hauptwirkung A z. B. erhält man, indem man die Summe aller Werte bildet, deren Kombination a enthält und davon jene abzieht, in deren Kombination a nicht vorkommt. Man findet

Kombinationen	Summe der Werte
mit a	480
ohne a	514
Summe	994
Differenz	$A = -\ 34$

Die Differenz ergibt die Wirkung von A, die Summe bestimmt man zu Kontrollzwecken; sie muß stets gleich 994, der Summe aller Werte, sein.

Die Wechselwirkungen von zwei Faktoren lassen sich ebenfalls auf diese Art bestimmen; um AB zu berechnen, zählt man von den Kombinationen, die a und b oder weder a noch b enthalten, jene ab, in denen nur a oder nur b vorkommen. Man hat

Kombinationen	Summe der Werte
mit a und b, oder ohne a und b	509
mit a oder b	485
Summe	994
Differenz	$AB = +\ 24$

Statt nach dem oben geschilderten Verfahren kann man die Wechselwirkungen auch so berechnen, daß man zunächst das Schema der Koeffizienten aufstellt, und dann an Hand desselben die Wechselwirkungen berechnet. Wir werden darauf noch zurückkommen.

Um die Hauptwirkungen und Wechselwirkungen statistisch prüfen zu können, ist noch die Streuungszerlegung durchzuführen. Zunächst findet man für die Summe der Quadrate insgesamt:

$$SQ \text{ (insgesamt} = 28^2 + 18^2 + \dots + 28^2 + 32^2 - 994^2/32 =$$
$$= 39\,658 - 30\,876{,}125 = 8\,781{,}875 \;.$$

Für die Hauptwirkungen und die Wechselwirkungen findet man die Summe der Quadrate, indem man die nach den obigen Angaben berechneten Wirkungen quadriert und durch 32 dividiert. Die restliche Summe der Quadrate ergibt sich dann als Differenz in der üblichen Weise. In der folgenden Streuungszerlegung sind auch die Wirkungen angegeben.

Streuung	Freiheitsgrad	Summe der Quadrate	Durchschnitts-quadrat
A	1	$(-\;34)^2/32 = 36{,}125$	36,125
B	1	$(-144)^2/32 = 648{,}000$	648,000*
C	1	$(-132)^2/32 = 544{,}500$	544,500*
D	1	$(-\;62)^2/32 = 120{,}125$	120,125
E	1	$(+362)^2/32 = 4095{,}125$	4095,125**
F	1	$(-\;66)^2/32 = 136{,}125$	136,125
$A\,B$	1	$(+\;24)^2/32 = 18{,}000$	18,000
$A\,C$	1	$(+\;60)^2/32 = 112{,}500$	112,500
$A\,D$	1	$(-\;26)^2/32 = 21{,}125$	21,125
$A\,E$	1	$(+\;22)^2/32 = 15{,}125$	15,125
$A\,F$	1	$(-\;14)^2/32 = 6{,}125$	6,125
$B\,C$	1	$(+\;30)^2/32 = 28{,}125$	28,125
$B\,D$	1	$(+184)^2/32 = 1058{,}000$	1058,000**
$B\,E$	1	$(-\;68)^2/32 = 144{,}500$	144,500
$B\,F$	1	$(-\;76)^2/32 = 180{,}500$	180,500
$C\,D$	1	$(+\;52)^2/32 = 84{,}500$	84,500
$C\,E$	1	$(-\;80)^2/32 = 200{,}000$	200,000
$C\,F$	1	$(+\;16)^2/32 = 8{,}000$	8,000
$D\,E$	1	$(-\;74)^2/32 = 171{,}125$	171,125
$D\,F$	1	$(+\;18)^2/32 = 10{,}125$	10,125
$E\,F$	1	$(-102)^2/32 = 325{,}125$	325,125
Zusammen . .	21	7962,875	. . .
Rest	10	819,000	81,900
Insgesamt . .	31	8781,875	. . .

Aus der Tafel II entnimmt man für $n_1 = 1$ und $n_2 = 10$:

$$F_{0,05} = 4{,}96 \; ; \qquad F_{0,01} = 10{,}04 \, .$$

Somit sind alle Durchschnittsquadrate, die größer als

$$4{,}96 \cdot 81{,}900 = 406{,}224 \quad \text{und} \quad 10{,}04 \cdot 81{,}900 = 822{,}276$$

gesichert, bzw. stark gesichert. In der Streuungszerlegung sind die ersteren mit einem, die letzteren mit zwei Sternchen versehen.

Die Werte für die optische Drehung werden demnach bei höherer Lösungstemperatur (B) und bei höherer Klärtemperatur (C) *kleiner*, bei größerer Schokoladekonzentration (E) dagegen *größer*. Außerdem besteht eine Wechselwirkung zwischen Lösungstemperatur (B) und Menge Klärmittel (D).

Was es mit der Wechselwirkung BD für eine Bewandtnis hat, ersieht man aus der folgenden Zusammenstellung, in der die Werte summiert sind, deren Kombinationen b und d enthalten oder nicht enthalten.

Faktor D	Faktor B		Summe	Differenz
	b_0	b_1		
d_0	346	182	528	—164
d_1	223	243	466	+ 20
Summe . . .	569	425	994	—144
Differenz . . .	—123	+ 61	— 62	. . .

Bei tiefer Lösungstemperatur (Faktor B) bewirkt eine kleine Klärmittelmenge (Faktor D) gegenüber einer größeren eine deutliche Erhöhung der Werte der optischen Drehung; bei höherer Lösungstemperatur ist dagegen nach stärkerer Klärung die Drehung etwas größer.

Aus zwei Gründen ist es zweckmäßig, für die restliche Summe der Quadrate ebenfalls die auf die einzelnen Freiheitsgrade entfallenden Anteile zu berechnen. Erstens ergibt sich dadurch eine Kontrolle für die ganze Streuungszerlegung, und zweitens läßt sich ermitteln, ob die Wechselwirkungen zwischen drei Faktoren wirklich im Rahmen des Zufälligen bleiben.

Man kann etwa ABC aus der Zusammenstellung auf Seite 127 ähnlich errechnen, wie wir dies für die Hauptwirkungen und die Wechselwirkungen zwischen je zwei Faktoren taten. Da man sich bei diesem Verfahren aber leicht irrt, ist es empfehlenswert, anders vorzugehen. Stellt man nämlich das Koeffizientenschema für die Wechselwirkungen zusammen, so braucht man nur diesem zu folgen.

Für die zehn Wechselwirkungen zwischen je drei von den fünf Faktoren A, B, C, D und E sieht dieses Schema folgendermaßen aus:

Kombination	Wert	ABC	ABD	ABE	ACD	ACE	ADE	BCD	BCE	BDE	CDE
(1)......	28	—	—	—	—	—	—	—	—	—	—
. ab....	18	—	—	—	+	+	+	+	+	+	—
. a.c...	17	—	+	+	—	—	+	+	+	—	+
. .bc...	14	—	+	+	+	+	—	—	—	+	+
. a..d..	14	+	—	+	—	+	—	+	—	+	+
. .b.d..	16	+	—	+	+	—	+	—	+	—	+
. ..cd..	18	+	+	—	—	+	+	—	+	+	—
. abcd..	24	+	+	—	+	—	—	+	—	—	—
. a...e.	70	+	+	—	+	—	—	+	+	+	+
. .b..e.	54	+	+	—	—	+	+	+	—	—	+
. ..c.e.	54	+	—	+	+	—	+	+	—	+	—
. abc.e.	30	+	—	+	—	+	—	—	+	—	—
. ...de.	48	—	+	+	+	+	—	+	+	—	—
. ab.de.	54	—	+	+	—	—	+	—	—	+	—
. a.cde.	33	—	—	—	+	+	+	—	—	—	+
. .bcde.	38	—	—	—	—	—	—	+	+	+	+
. a....f	30	+	+	+	+	+	+	—	—	—	—
. .b...f	16	+	+	+	—	—	—	+	+	+	—
. ...c..f	20	+	—	—	+	+	—	+	+	—	+
. abc..f	12	+	—	—	—	—	+	—	—	+	+
. ...d.f	35	—	+	—	+	—	+	+	—	+	+
. ab.d.f	14	—	+	—	—	+	—	—	+	—	+
. a.cd.f	15	—	—	+	+	—	—	—	+	+	—
. .bcd.f	25	—	—	+	—	+	+	+	—	—	—
. ....ef	68	—	—	+	—	+	+	—	+	+	+
. ab..ef	26	—	—	+	+	—	—	+	—	—	+
. a.c.ef	59	—	+	—	—	+	—	+	—	+	—
. .bc.ef	12	—	+	—	+	—	+	—	+	—	—
. a..def	32	+	—	—	—	—	+	+	+	—	—
. .b.def	40	+	—	—	+	+	—	—	—	+	—
. ...cdef	28	+	+	+	—	—	—	—	—	—	+
. abcdef	32	+	+	+	+	+	+	+	+	+	+

Man findet an Hand dieses Koeffizientenschemas:

Wechselwirkung	Vergleich (V)	Summe der Quadrate ($V^2/32$)
$A\,B\,C$	— 14	6,125
$A\,B\,D$	+ 56	98,000
$A\,B\,E$	— 20	12,500
$A\,C\,D$	— 20	12,500
$A\,C\,E$	+ 40	50,000
$A\,D\,E$	+ 26	21,125
$B\,C\,D$	+ 30	28,125
$B\,C\,E$	— 66	136,125
$B\,D\,E$	+120	450,000
$C\,D\,E$	— 12	4,500
Summe	. . .	819,000

Als erstes finden wir eine Bestätigung der Richtigkeit der Streuungszerlegung, da die Summe der Quadrate für den Rest mit den aus den einzelnen Freiheitsgraden hergeleiteten übereinstimmt.

Sodann stellen wir fest, daß von der restlichen Summe der Quadrate mehr als die Hälfte auf die Wechselwirkung $B\,D\,E$ entfällt. Wenn man nur die übrigen 9 Freiheitsgrade als Rest ansieht, erhält man

$$SQ \text{ (Rest)} = 369,000$$

und

$$DQ \text{ (Rest)} = 369,000 : 9 = 41,000$$

also ein bedeutend kleineres restliches Durchschnittsquadrat. Wie man mittels der Tafel II feststellt, ist für $n_1 = 1$ und $n_2 = 9$

$$F_{0,05} = 5,12 \; ; \qquad F_{0,01} = 10,56 \, ,$$

so daß nun außer den vorher als gesichert erkannten Werten auch die Wechselwirkung $B\,D\,E$ gesichert erscheint.

Ob das frühere, oder das soeben berechnete restliche Durchschnittsquadrat zugrundegelegt werden solle, ist eine Frage, die nur nach sorgfältiger und gründlicher Untersuchung der technischen Gegebenheiten entschieden werden kann.

5 VERSUCHE IN UNVOLLSTÄNDIGEN BLÖCKEN

51 Grundsätze

Wie in den früheren Kapiteln gezeigt wurde, führt der Umstand, daß *alle* Verfahren in jedem Block wiederholt werden, zu einer sehr einfachen Auswertung der Versuche mittels der Streuungszerlegung. Im Abschnitt 44 wurde schon erörtert, wie man durch *Vermengen* die Zahl der Einheiten je Block herabsetzen kann, indem man bei Versuchen mit mehreren Faktoren auf die Aufschlüsse bezüglich gewisser Wechselwirkungen verzichtet. Dadurch wird die Genauigkeit der Hauptwirkungen und der nicht vermengten Wechselwirkungen erhöht.

Eine andere Möglichkeit, die Genauigkeit der Vergleiche zu erhöhen, besteht darin, in jedem Block nur einen Teil der Verfahren unterzubringen. Man kann aus zwei Gründen zu diesem Vorgehen gedrängt werden.

Einmal kann die Zahl der Verfahren so groß sein, daß es schlechterdings unmöglich ist, Blöcke mit so vielen Versuchseinheiten zu bilden. Ein Beispiel dafür bilden jene Versuche, in denen eine sehr große Zahl – oft Hunderte – von Sorten einer Nutzpflanze miteinander verglichen werden müssen. Man hat in derartigen Fällen die Versuche vielfach so angeordnet, daß jede Sorte mit einer Standardsorte verglichen wurde. Wie YATES gezeigt hat, ist demgegenüber eines der neueren Verfahren vorzuziehen.

Ein weiterer Grund für die Anordnung eines Versuches in unvollständigen Blöcken liegt darin, daß gelegentlich die Versuchseinheiten auf natürliche Weise Blöcke bilden, wobei ein „Block" nur wenige Versuchseinheiten umfaßt. Ein Beispiel hierfür bilden etwa die beiden Augen von Versuchstieren, die als „Block" betrachtet werden können (siehe Abschnitt 52).

Wenn man von dem Grundsatz der „vollständigen" Blöcke abgeht, indem man in jedem Block weniger als die volle Zahl der Verfahren vorsieht, muß man mit in Kauf nehmen, daß die Auswertung des Versuches weniger einfach sein wird. Es hat sich indessen gezeigt, daß die Auswertung um so weniger verwickelt ausfällt, je mehr auf eine gewisse Symmetrie im Plan des Versuches geachtet wird.

Über die zweckmäßigste Einteilung der Versuchspläne in unvollständigen Blöcken scheint noch keine vollkommene Klarheit zu herrschen; dies ist weiter nicht verwunderlich, da die Entwicklung auf diesem Gebiete noch nicht abgeschlossen ist. Wir beschränken uns daher in dieser Einführung darauf, zwei Hauptgruppen, nämlich die (vollständig) *ausgewogenen* und die *teilweise ausgewogenen* Versuchspläne zu kennzeichnen und an je einem oder zwei Beispielen die Auswertung vorzuführen.

Die Eigenschaften eines *ausgewogenen* Versuchs in unvollständigen Blöcken lassen sich am besten an einem Beispiel erläutern, wofür ein Versuch mit 7 Verfahren in Blöcken von je 4 Einheiten diene. Dieser kann wie folgt angeordnet werden:

Block

I	A	B	C	F
II	A	B	E	G
III	A	C	D	E
IV	A	D	F	G
V	B	C	D	G
VI	B	D	E	F
VII	C	E	F	G

Die grundlegende Symmetrieeigenschaft der ausgewogenen Versuche besteht in folgendem: *Jedes Paar von Verfahren kommt in gleich vielen Blöcken zusammen vor.*

Im obigen Plan kommt beispielsweise das Paar A, B in den Blöcken I und II, das Paar C, D in III und V vor, usw. Jedes Paar kommt in je zwei Blöcken vor.

Aus dieser grundlegenden Eigenschaft folgen weitere: Jedes Verfahren kommt in gleichvielen Blöcken vor; in unserem Beispiel kommt jedes Verfahren in vier Blöcken vor. Zudem folgt noch eine weitere wichtige Eigenschaft. A kann mit B *innerhalb* der Blöcke I und II verglichen werden. A kommt weiter in den Blöcken III und IV, B in den Blöcken V und VI vor. Als Begleitverfahren von A findet man in den Blöcken III und IV: D zweimal und C, E, F und G je einmal. Als Begleitverfahren von B findet man in den Blöcken V und VI ebenfalls: D zweimal, und C, E, F und G je einmal. Man kann also A und B auch *zwischen* den Blöcken vergleichen. Für den Vergleich zwischen den Blöcken hat man einen andern Versuchsfehler als für den Vergleich innerhalb der Blöcke. Der Vergleich zwischen den Blöcken wird erst dann praktisch in Frage kommen, wenn zu seiner Ermittlung etwa 10 Freiheitsgrade zur Verfügung stehen. Bei der Auswertung müssen die beiden Versuchsfehler in passender Weise miteinander vereinigt werden.

Die *teilweise ausgewogenen* Versuche weisen einen geringeren Grad an Symmetrie auf als die (vollständig) ausgewogenen. Dementsprechend fällt auch ihre Auswertung etwas weniger leicht.

Als Beispiel eines teilweise ausgewogenen Versuches sei hier einzig der sogenannte Versuch im (quadratischen) *Gitter* (lattice) kurz erörtert. Auch für diesen Plan besprechen wir die Eigenschaften an einem Beispiel.

Es seien in einem Versuch 25 Weizensorten zu vergleichen. Der Einfachheit halber bezeichnen wir die Sorten mit den Zahlen 1 bis 25. Wenn wir die Zahlen in einem Quadrat wie folgt aufschreiben

$$
\begin{array}{ccccc}
1 & 2 & 3 & 4 & 5 \\
6 & 7 & 8 & 9 & 10 \\
11 & 12 & 13 & 14 & 15 \\
16 & 17 & 18 & 19 & 20 \\
21 & 22 & 23 & 24 & 25
\end{array}
$$

so ergibt sich der Plan für einen Gitterversuch einfach dadurch, daß in einer ersten Wiederholung die Zeilen, in einer zweiten Wiederholung die Spalten der obigen Anordnung als Blöcke gewählt werden. Also

	Wiederholung 1							Wiederholung 2					
Block													**Block**
I	1	2	3	4	5			1	6	11	16	21	VI
II	6	7	8	9	10			2	7	12	17	22	VII
III	11	12	13	14	15			3	8	13	18	23	VIII
IV	16	17	18	19	20			4	9	14	19	24	IX
V	21	22	23	24	25			5	10	15	20	25	X

Der Übersichtlichkeit wegen haben wir die Sorten schön regelmäßig angeordnet; in einem wirklichen Versuch müssen die Blöcke innerhalb jeder Wiederholung und ebenso die Sorten innerhalb eines jeden Blockes zufällig angeordnet werden.

In diesem Plan kommt eine Sorte nicht mit jeder anderen in einem Block vor; die Sorte 1 beispielsweise kommt mit den Sorten 2, 3, 4, 5, 6, 11, 16 und 21 zusammen in einem Block vor, nicht aber mit irgend einer der übrigen Sorten.

Nebenbei bemerkt kann man für 25 Sorten nach demselben Verfahren auch einen *vollständig* ausgewogenen Plan aufstellen. Man hat zu diesem Zwecke nebst den zwei oben angegebenen Wiederholungen noch die vier folgenden zu benützen:

Wiederholung 3

1	7	13	19	25
21	2	8	14	20
16	22	3	9	15
11	17	23	4	10
6	12	18	24	5

Wiederholung 4

1	12	23	9	20
16	2	13	24	10
6	17	3	14	25
21	7	18	4	15
11	22	8	19	5

Wiederholung 5

1	17	8	24	15
11	2	18	9	25
21	12	3	19	10
6	22	13	4	20
16	7	23	14	5

Wiederholung 6

1	22	18	14	10
6	2	23	19	15
11	7	3	24	20
16	12	8	4	25
21	17	13	9	5

Man erkennt, daß in den sechs Wiederholungen jedes Paar von Sorten gleich oft, nämlich genau einmal, in einem Block zusammen vorkommt.

Beschränkt man sich auf die Wiederholungen 1 und 2, benützt man also einen *teilweise* ausgewogenen Plan, so werden streng genommen nicht alle Vergleiche zwischen zwei Sorten mit der gleichen Genauigkeit vorgenommen werden können. Jene Sorten, die zusammen im gleichen Block vorkommen, kann man mit größerer Genauigkeit miteinander vergleichen, als jene, die in verschiedenen Blöcken angesät werden. Man begnügt sich aber auch in diesem Falle in der Regel mit einem einzigen Versuchsfehler, der aus den beiden Versuchsfehlern, jenem innerhalb und jenem zwischen den Blöcken errechnet wird.

52 Ausgewogene Versuche in unvollständigen Blöcken

Die Auswertung eines vollständig ausgewogenen Versuches ist besonders einfach, wenn nur der Versuchsfehler *innerhalb* der Blöcke in Betracht gezogen wird. In der Regel ist es zwar besser, den Versuchsfehler *zwischen* den Blöcken ebenfalls zu berücksichtigen; bei einer kleinen Zahl von Blöcken wird man aber davon absehen.

Ein erstes Beispiel soll zeigen, wie man in Versuchen mit einer kleinen Zahl von Blöcken vorgeht, wobei also nur der Fehler innerhalb der Blöcke benützt wird.

Beispiel 19. Einfluß von Cortison und Desoxy-corticosteron auf die Heilungsdauer der Hornhaut des Auges (Augenklinik der Universität Genf).

Nach einer bestimmten Operation des Auges beim Kaninchen wurde die Heilungsdauer beobachtet. Der Einfluß von Cortison (C) und von Desoxy-corticosteron (D) wurde mit einer Kontrolle – nämlich physiologischer Kochsalzlösung (O) – verglichen. Als „Block" wurden die beiden Augen eines Kaninchens betrachtet.

Man hat demnach Blöcke mit *zwei* Versuchseinheiten, denen *drei* Verfahren gegenüberstehen. Einen vollständig ausgewogenen Versuch erhält man, indem die drei möglichen Paare von je zwei Verfahren auf je einem Kaninchen angewandt werden. Dieser Plan wurde dreimal wiederholt, so daß also jedes Verfahren auf 6 Augen benützt wurde.

In diesem Beispiel hätte man bei der Ausführung des Versuches wie folgt vorgehen können. Da die Verfahren in Gruppen von je drei Blöcken zusammengefaßt werden können, hätte man zunächst Gruppen von je drei unter sich möglichst ähnlichen Kaninchen bilden können. Hierauf hätte man innerhalb jeder Gruppe ein Kaninchen einem der Blöcke zufällig zugeteilt und schließlich die beiden Verfahren den beiden Augen eines Tieres. In Wirklichkeit ging man etwas einfacher vor, da es nicht möglich schien, Gruppen von unter sich ähnlichen Tieren zu bilden. Man begnügte sich damit, die neun Tiere den neun Blöcken und innerhalb eines Blockes die beiden Verfahren den beiden Augen ebenfalls zufällig zuzuteilen.

Um die Ergebnisse übersichtlicher darzustellen, sind sie in der nachfolgenden Zusammenstellung nicht in zufälliger, sondern in regelmäßiger Folge angeordnet.

Heilungsdauer in Stunden

Tier				Tier				Tier		
I 128,0	O 51,5	C 76,5		IV 150,0	O 74,0	C 76,0		VII 131,0	O 62,0	C 69,0
II 87,5	O 38,5	D 49,0		V 89,0	O 44,5	D 44,5		VIII 95,0	O 44,0	D 51,0
III 99,5	C 50,5	D 49,0		VI 85,0	C 44,5	D 40,5		IX 160,0	C 80,0	D 80,0

Wir stellen sogleich die Bezeichnungen zusammen, die wir im folgenden in den allgemeinen Formeln benützen werden.

t = Anzahl Verfahren (im Beispiel 19 : = 8);

k = Anzahl Einheiten je Block (2);

r = Zahl der Wiederholungen (6);

b = Anzahl Blöcke (9);

B = Summe der Werte innerhalb eines Blockes;

T = Summe der Werte für ein Verfahren;

G = Gesamtsumme aller Werte;

B_t = Summe der Werte B, für alle Blöcke in denen ein bestimmtes Verfahren (t) vorkommt.

Die Auswertung eines derartigen Versuches bietet eine gewisse Schwierigkeit, weil nicht jedes Verfahren auf jedem Tier angewandt werden konnte. Aus diesem Grunde können die Unterschiede zwischen den Tieren die Vergleiche zwischen den Verfahren verfälschen. Dieser Umstand kommt in der Fig. 9 deutlich zum Ausdruck.

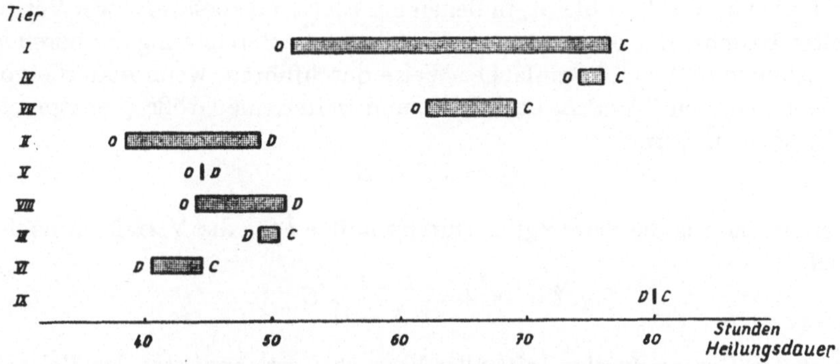

Fig. 9. Heilungsdauer nach Tieren und Verfahren

Von den sechs Tieren, deren eines Auge mit Desoxy-corticosteron behandelt wurde, weisen offensichtlich nicht weniger als fünf an sich eine eher kurze Heilungsdauer auf. Dagegen sind unter den sechs Kaninchen, auf denen Cortison verwendet wurde, deren vier von Hause aus mit einer höheren Heilungsdauer bedacht. Wenn man lediglich für die verschiedenen Verfahren die durchschnittlichen Heilungsdauern berechnet, findet man somit voraussichtlich für Desoxycorticosteron einen zu niedrigen, für Cortison einen zu hohen Wert. Um festzustellen, wie es sich damit verhält, geben wir hier zunächst diese unbereinigten Durchschnitte an.

	Verfahren	Durchschnittliche Heilungsdauer (unbereinigt)
O	Physiologische Kochsalzlösung	52,4
C	Cortison	66,1
D	Desoxy-corticosteron	52,3

Man kann nun aber gegenüber diesen zweifellos durch die Unterschiede zwischen Tieren verfälschten Durchschnitten sogenannte *bereinigte* Durchschnitte für die Verfahren berechnen, in denen der störende Einfluß der natürlichen Unterschiede zwischen den Tieren ausgeschaltet ist. Wenn wir beispielsweise das Verfahren C ins Auge fassen, so vergleichen wir einfach bei jedem Tier den Wert für C mit dem Durchschnitt beider Augen. Oder, um nicht einen Durchschnitt ausrechnen zu müssen, vergleichen wir den doppelten Wert für C mit der Summe der Werte beider Augen. Da in unserem Beispiel nur zwei Einheiten je Block vorhanden sind, haben wir für das Tier I beispielsweise:

$$2 \cdot 76,5 - (76,5 + 51,5) = 76,5 - 51,5 = 25,0 \ ;$$

anders ausgedrückt, das oben erörterte Verfahren kommt hier einfach darauf hinaus, den Unterschied zwischen C und den anderen Behandlungen für jedes der sechs Tiere I, IV, VII, III, VI, IX zu nehmen.

In unserm Beispiel ließen sich alle nötigen Rechnungen auf diesen Differenzen aufbauen; trotzdem werden wir anders vorgehen, damit die Methode auch in jenen Fällen anwendbar bleibt, in denen ein Block aus mehr als zwei Versuchseinheiten besteht. Das oben erörterte Verfahren zur Berechnung der bereinigten Durchschnitte läßt sich in einfacher Weise durchführen, wenn man die vorher definierten Größen T und B_t berechnet, und weiter eine Größe Q entsprechend der allgemeinen Formel

$$Q = kT - B_t \ . \tag{1}$$

Man erhält daraus die bereinigten Durchschnitte $\hat{\imath}$ für die Verfahren nach der Formel

$$\hat{\imath} = m + \frac{t-1}{tr\,(k-1)}\,Q \ , \tag{2}$$

wobei m den Gesamtdurchschnitt aller Versuchswerte bedeutet. Im Beispiel 19 ist $m = 1025,0 : 18 = 56,94$. Die Rechnungen stellt man am besten folgendermaßen zusammen:

Verfahren	T	B_t	$Q = 2\,T - B_t$	$\hat{\imath} = 56{,}94 + Q/9$
O	314,5	680,5	—51,5	51,22
C	396,5	753,5	+39,5	61,33
D	314,0	616,0	+12,0	58,27
Summe . . .	1025,0	2050,0	0,0	. . .

Die Summe der B_t muß gleich der doppelten (im allgemeinen: der k-fachen) Summe der T sein; die Summe der Q muß Null sein.

Vergleichen wir die bereinigten Durchschnitte $\hat{t}$ mit den unbereinigten, so stellen wir fest, daß sich unsere Voraussage durchaus erfüllt hat; der unbereinigte Wert für Cortison ist mit 66,1 zu hoch, derjenige für Desoxy-corticosteron mit 52,3 zu niedrig.

Es bleibt nun noch der für den Vergleich der bereinigten Durchschnitte geltende Versuchsfehler zu ermitteln. Man findet ihn unschwer durch eine Streuungszerlegung, indem zunächst von der Summe der Quadrate insgesamt die Summe der Quadrate zwischen den Blöcken subtrahiert wird. Von der verbleibenden Summe der Quadrate innerhalb der Blöcke braucht man lediglich die Summe der Quadrate zwischen den bereinigten Verfahren abzuziehen, um die Summe der Quadrate für den Versuchsfehler zu finden. Im einzelnen geht man wie folgt vor:

$$SQ \text{ (insgesamt)} = 51,5^2 + 38,5^2 + \ldots + 51,0^2 + 80,0^2 - 1025,0^2/18$$
$$= 3\,745,944 \, .$$

Die Summe der Quadrate zwischen den Blöcken (hier also zwischen den Tieren) findet man wie gewohnt.

$$SQ \text{ (zwischen Tieren)} = (128,0^2 + 87,5^2 + \ldots + 95,0^2 + 160,0^2)/2 - 1025,0^2/18$$
$$= 3318,194.$$

Für die Summe der Quadrate zwischen den bereinigten Verfahren gilt die folgende allgemeine Formel:

$$SQ \text{ (zwischen Verfahren, bereinigt)} = \frac{t-1}{r\,t\,k\,(k-1)} \, S(Q^2) \, . \tag{3}$$

Aus ihr folgt für das Beispiel 19

$$SQ \text{ (zwischen Verfahren, ber.)} = \frac{2}{6.3.2.1} \, (51,5^2 + 39,5^2 + 12,0^2)$$
$$= 242,028 \, ;$$

so daß sich die Streuungszerlegung folgendermaßen gestaltet.

Streuung	Freiheitsgrad	Summe der Quadrate	Durchschnitts-quadrat
Zwischen Blöcken.	8	3318,194	. . .
Zwischen Verfahren, bereinigt .	2	242,028	121,014
Rest	7	185,722	26,532
Insgesamt	17	3 745,944	. . .

Die Unterschiede zwischen den bereinigten Durchschnitten für die Verfahren prüft man mittels des Verhältnisses

$$F = 121{,}014 : 26{,}532 = 4{,}56 \,,$$

welches man mit dem Wert aus der Tafel II mit $n_1 = 2$ und $n_2 = 7$

$$F_{0{,}05} = 4{,}74$$

zu vergleichen hat. Das berechnete F liegt knapp unterhalb $F_{0{,}05}$.

Der Unterschied zwischen zwei bereinigten Durchschnitten läßt sich nach der folgenden Formel beurteilen, wobei wie gewohnt das restliche Durchschnittsquadrat mit s^2 bezeichnet ist.

$$t = \frac{\bar{x}' - \bar{x}''}{\sqrt{\dfrac{2}{r} \dfrac{k\,(t-1)}{t\,(k-1)}\, s^2}}. \tag{4}$$

Dieser Ausdruck folgt einer t-Verteilung mit $n = t\,(r-1) - b + 1$ Freiheitsgraden.

Für unser Beispiel wird

$$\sqrt{\frac{2}{r} \frac{k\,(t-1)}{t\,(k-1)}\, s^2} = \sqrt{\frac{2}{6} \frac{2 \cdot 2}{3 \cdot 1}\, 26{,}532}$$

$$= \sqrt{11{,}792} = 3{,}434$$

und mit $n = 7$

$$t_{0{,}05} = 2{,}365 \,;$$

demnach ist

$$3{,}434 \cdot 2{,}365 = 8{,}12$$

der kleinste noch gesicherte Unterschied zweier bereinigter Durchschnitte. Aus der Aufstellung auf Seite 140 ist zu ersehen, daß der Unterschied zwischen O und C gesichert ist; das Cortison hat demnach im Vergleich zur physiologischen Kochsalzlösung die Heilungsdauer verlängert.

Die Auswertung eines vollständig ausgewogenen Versuchs gestaltet sich etwas umständlicher, wenn nicht nur auf die Vergleiche innerhalb, sondern ebenfalls auf jene zwischen den Blöcken geachtet wird. Wir geben auch hierfür ein Beispiel, und zwar handelt es sich um denselben Versuch, der im Beispiel 19 besprochen wurde. In Wirklichkeit enthielt nämlich der Versuch vier Verfahren und er erstreckte sich auf 18 Tiere; im Beispiel 19 wurde nur ein Teil der Ergebnisse vorgeführt.

Beispiel 20. Einfluß von Cortison und zweier Konzentrationen von Desoxycorticosteron auf die Heilungsdauer der Hornhaut des Auges (Augenklinik der Universität Genf).

Nach einer bestimmten Operation der Hornhaut des Auges bei Kaninchen wurde die Heilungsdauer beobachtet. Der Einfluß von Cortison (C), sowie von Desoxy-corticosteron zu 5 % (P_5) und zu 1 % (P_1) wurde mit einer Kontrolle (O) – physiologische Kochsalzlösung – verglichen.

Mit 4 Verfahren und Blöcken zu je 2 Einheiten könnte der Plan des Versuches nach Wiederholungen geordnet werden, nämlich so

	Wiederholung 1			Wiederholung 2			Wiederholung 3	
Block								
I	A	B	III	A	C	V	A	D
II	C	D	IV	B	D	VI	B	C

Dies wäre von Vorteil, wenn die Blöcke so zu Wiederholungen zusammengestellt werden könnten, daß die Unterschiede zwischen den Blöcken innerhalb der Wiederholungen kleiner wären als zwischen den Wiederholungen. Bei den Kaninchen, die im Versuch verwendet wurden, war diese Möglichkeit nicht gegeben. Dementsprechend werden wir diesen Versuch auswerten, als ob keine Wiederholungen auseinandergehalten werden könnten.

Der Übersichtlichkeit halber stellen wir die Ergebnisse zusammen, ohne die zufällige Anordnung zu berücksichtigen.

Heilungsdauer in Stunden

I 128,0	O 51,5	C 76,5	VII 150,0	O 74,0	C 76,0	XIII 131,0	O 62,0	C 69,0
II 87,5	O 38,5	D_1 49,0	VIII 89,0	O 44,5	D_1 44,5	XIV 95,0	O 44,0	D_1 51,0
III 93,0	O 50,5	D_5 42,5	IX 102,0	O 51,0	D_5 51,0	XV 101,0	O 50,5	D_5 50,5
IV 99,5	C 50,5	D_1 49,0	X 85,0	C 44,5	D_1 40,5	XVI 160,0	C 80,0	D_1 80,0
V 118,0	C 62,0	D_5 56,0	XI 112,0	C 56,0	D_5 56,0	XVII 111,0	C 55,5	D_5 55,5
VI 96,0	D_1 50,0	D_5 46,0	XII 118,0	D_1 56,0	D_5 62,0	XVIII (49,5)	D_1 49,5	D_5 ?

Für eines der Tiere konnte die Heilungsdauer eines Auges nicht festgestellt werden. Die erste Aufgabe besteht darin, den betreffenden Wert aus den übrigen Ergebnissen zu schätzen. Man stellt zunächst für die Verfahren die im Anschluß an das Beispiel 19 erörterten Größen T, B_i und Q zusammen, indem man an Stelle des unbekannten Wertes x einsetzt.

10 Linder, Planen.

Verfahren	T	B_t	$Q = kT - B_t$
O	466,5	976,5	—43,5
C	570,0	1094,5	+45,5
D_1	469,5	879,5 + x	+59,5 — x
D_5	419,5 + x	900,5 + x	—61,5 + x
Summe	1925,5 + x	3851,0 + 2x	0,0

Die Formel für den fehlenden Wert x kann aus der Forderung hergeleitet werden,
daß der Versuchsfehler innerhalb der Blöcke möglichst klein ausfallen solle. Sie
lautet

$$x = \frac{tr\,(k-1)\,B + k\,(t-1)\,Q - (t-1)\,Q'}{(k-1)\,[\,tr\,(k-1) - k\,(t-1)\,]}\,, \tag{5}$$

wobei B die Summe der Werte für den Block mit dem fehlenden Wert bedeutet;
Q den Ausdruck für das Verfahren, in welchem der Wert fehlt; und Q' die Summe
der Ausdrücke Q für alle Verfahren, die im Block vorkommen, in welchem ein
Wert fehlt.

Im Beispiel 20 hat man

$$t = 4,\quad r = 9,\quad k = 2,\quad b = 18,\quad N = 36\,;$$

sowie bezüglich des fehlenden Wertes

$$B = 49,5,\quad Q = -61,5,\quad Q' = 59,5 - 61,5 = -2,0\,,$$

und somit

$$x = \frac{4.9.1.49,5 + 2.3\,(-61,5) - 3\,(-2,0)}{1\,(4.9.1 - 2.3)} = 47,3$$

Diesen Wert setzt man nun ein und findet $B = 49,5 + 47,3 = 96,8$ für den
„Block" XVIII und weiter für T, B_t und Q

Verfahren	T	B_t	Q
O	466,5	976,5	—43,5
C	570,0	1094,5	+45,5
D_1	469,5	926,8	+12,2
D_5	466,8	947,8	—14,2
Summe	1972,8	3945,6	0,0

Selbstverständlich muß man für diesen aus den übrigen Ergebnissen geschätzten Wert den Freiheitsgrad des Versuchsfehlers innerhalb der Blöcke um 1 herabsetzen.

Wie erwähnt, besteht der Unterschied zwischen dem Beispiel 20 und dem vorangehenden Beispiel darin, daß wir jetzt auch einen Versuchsfehler *zwischen* den Blöcken bestimmen werden, um ihn dann in passender Weise mit jenem *innerhalb* der Blöcke zu vereinigen.

Den Versuchsfehler zwischen den Blöcken erhält man auf einem Umweg; es handelt sich im Grunde um die Berechnung einer Summe von Quadraten zwischen den Blöcken, in welcher der Einfluß der Verfahren ausgeschaltet wird. Man spricht von einer *bereinigten* Summe von Quadraten zwischen den Blöcken; gemeint ist: bereinigt vom Einfluß der Verfahren. Man könnte zur Berechnung dieser Summe der Quadrate genau so vorgehen, wie wir dies bei der bereinigten Summe der Quadrate zwischen den Verfahren taten. Verfahren und Blöcke sind einfach nur miteinander zu vertauschen. Man kann aber, da die restliche Summe der Quadrate schon bekannt ist, wie folgt vorgehen.

Als erstes berechnet man die (nicht bereinigte) Summe der Quadrate zwischen den Blöcken in der üblichen Weise.

$$SQ \text{ (zwischen Blöcken)} = (128,0^2 + 87,5^2 + \ldots + 111,0^2 + 96,8^2)/2 - 1972,8^2/36$$
$$= 3853,430 .$$

Sodann muß auch die Summe der Quadrate zwischen den (nicht bereinigten) Verfahren ermittelt werden, wofür man findet

$$SQ \text{ (zwischen Verfahren)} = (466,5^2 + 570,0^2 + 469,5^2 + 466,8^2)/9 - 1972,8^2/36$$
$$= 874,420 ,$$

und endlich noch die Summe der Quadrate zwischen den bereinigten Verfahren nach der Formel (3)

$$SQ \text{ (zwischen Verfahren, ber.)} = \frac{3}{9.4.2.1} (43,5^2 + 45,5^2 + 12,2^2 + 14,2^2)$$
$$= 179,708 .$$

Die bereinigte Summe der Quadrate zwischen Blöcken erhält man dann als

SQ (zwischen Blöcken)	3853,430
$+ SQ$ (zwischen Verfahren, bereinigt)	$+$ 179,708
$- SQ$ (zwischen Verfahren)	$-$ 874,420
SQ (zwischen Blöcken, bereinigt)	3158,718

In dieser Summe der Quadrate ist der Einfluß der Verfahren zwischen den Blöcken ausgeschaltet; somit stellt das entsprechende Durchschnittsquadrat den Versuchsfehler *zwischen* den Blöcken dar.

10*

Etwas übersichtlicher lassen sich die Beziehungen zwischen den verschiedenen SQ darstellen, wenn man zwei einander ergänzende Streuungszerlegungen wie folgt bildet.

Streuung	Summe der Quadrate		Streuung
Zw. Verfahren, bereinigt .	179,708	874,420	Zw. Verfahren
Zw. Blöcken	3853,430	3158,718 (D)	Zw. Blöcken, bereinigt
Rest	326,462 (D) →	326,462	Rest
Insgesamt	4359,600 ——→	4359,600	Insgesamt

In der Streuungszerlegung auf der linken Seite findet man die restliche Summe der Quadrate als Differenz zwischen den übrigen, was durch das (D) angedeutet ist. Die Pfeile deuten an, daß zwei der Posten in der Streuungszerlegung rechts von links übernommen werden. Wie wir gesehen haben, findet man die bereinigte Summe der Quadrate zwischen den Blöcken ebenfalls als Differenz. Stellen wir die Streuungszerlegung rechts noch in der üblichen Form zusammen, so wird

Streuung	Freiheitsgrad	Summe der Quadrate	Durchschnittsquadrat
Zwischen Verfahren	3	874,420	. . .
Zwischen Blöcken, bereinigt . .	17	3158,718	$185,807 = s_z^2$
Rest	14	326,462	$23,319 = s_i^2$
Insgesamt	34	4359,600	. . .

Wegen des fehlenden Wertes finden wir statt der 35 Freiheitsgrade insgesamt nur deren 34, und für den Rest 14 statt 15.

Das weitere Vorgehen läßt sich kaum auf einfache Art begründen; wir begnügen uns daher mit der Angabe der einzelnen Schritte der Auswertung. Als erstes berechnet man aus den beiden Versuchsstreuungen s_z^2 und s_i^2 die Größe μ nach der Formel

$$\mu = \frac{(b-1)\,(s_z^2 - s_i^2)}{t\,(k-1)\,(b-1)\,s_z^2 + (t-k)\,(b-t)\,s_i^2} \,. \tag{6}$$

Da $b = 18$, $t = 4$, und $k = 2$, findet man

$$\mu = \frac{17\,(185,807 - 23,319)}{4 \cdot 1 \cdot 17 \cdot 185,807 + 2 \cdot 14 \cdot 23,319} = 0,207\,882 \,.$$

Sodann findet man die *bereinigten* Durchschnitte $\hat{t}$ für die Verfahren entsprechend

$$\hat{t} = (T + \mu W)/r \,, \tag{7}$$

wobei

$$W = (t - k)\, T - (t - 1)\, B_t + (k - 1)\, G \,. \tag{8}$$

Stellen wir nochmals die Werte T und B_t zusammen, die schon auf Seite 144 verwendet wurden, so findet man

Verfahren	T	B_t	$W = 2T$ $-3 B_t + G$	$T +$ $0{,}207\,822\ W$	$\hat{t}$
O	466,5	976,5	—23,7	461,57	51,29
C	570,0	1094,5	—170,7	534,51	59,39
D_1	469,5	926,8	+131,4	496,82	55,20
D_5	466,8	947,8	+63,0	479,90	53,32
Summe	1972,8	3945,6	0,0	...	...

Den Unterschied zwischen den bereinigten Durchschnitten zweier Verfahren prüft man mittels

$$t = \frac{\bar{x}' - \bar{x}''}{\sqrt{\dfrac{2}{r}\,[1 + (t - k)\,\mu]\, s_i^2}} \,. \tag{9}$$

Für den Ausdruck unter der Wurzel erhält man in unserem Beispiel

$$\frac{2}{9}\,(1 + 2 \cdot 0{,}207\,882)\ 23{,}319 = 7{,}336 \,.$$

In der Formel (9) entspricht t der Verteilung von t mit dem Freiheitsgrad für s_i^2, in unserem Beispiel also mit $n = 14$. Man findet in der Tafel II mit $n = 14$ $t_{0,05} = 2{,}145$, und daher als Produkt des Nenners von (9) mit $t_{0,05}$

$$2{,}145 \cdot 2{,}7085 = 5{,}81 \,,$$

was demnach als die kleinste, noch gerade gesicherte Differenz zu gelten hat.

Somit weicht die Heilungsdauer für Cortison in unserem Versuch sowohl von derjenigen für die physiologische Kochsalzlösung, als auch von jener für 5 % iges Desoxy-corticosteron wesentlich ab.

Abschließend sei noch bemerkt, daß der Versuch unter der Voraussetzung ausgewertet wurde, das auf einem Auge verwendete Verfahren bleibe ohne Einfluß auf das andere Auge. Obschon der Versuch es nicht gestattet, diese Annahme eindeutig zu beurteilen, dürften die Ergebnisse doch dafür sprechen, daß sie angenähert zutrifft.

53 Teilweise ausgewogener Versuch in unvollständigen Blöcken

Bei der Vielfalt der Pläne für teilweise ausgewogene Versuche in unvollständigen Blöcken, beschränken wir uns in dieser Einführung auf einen einzigen, den in 51 beschriebenen Versuch im quadratischen *Gitter*.

Beispiel 21. Sortenversuch mit Sommerweizen (Eidgenössische landwirtschaftliche Versuchsanstalt Zürich-Oerlikon).

Um 25 Weizensorten miteinander zu vergleichen, wurden zwei Wiederholungen nach dem in 51 (Seite 136) angegebenen Plan angelegt. Dabei wurden zuerst die Blöcke, und dann die Sorten innerhalb der Blöcke zufällig angeordnet, so daß folgende Anordnung des Versuches entstand; die Erträge sind weiter unten zusammengestellt.

Plan des Versuches

Block												Block
I	2	4	5	1	3		18	3	13	8	23	VI
II	16	19	17	20	18		2	7	17	22	12	VII
III	9	7	10	8	6		19	4	24	14	9	VIII
IV	11	15	13	14	12		25	15	10	5	20	IX
V	24	22	23	21	25		6	11	21	1	16	X

Wiederholung 1   Wiederholung 2

Die *Körnererträge* in 10 g je Parzelle von 2,25 m² sind nachstehend angegeben; beigefügt sind die Summen der Erträge für jede Sorte, sowohl unbereinigt, als auch bereinigt vom Einfluß der Blöcke. (Siehe Seite 149.)

In erster Linie werden die Summen der Erträge für jeden Block, für jede Wiederholung und für jede Sorte bestimmt. Sodann sind die Größen C zu berechnen, welche bereinigte Werte für die Blöcke darstellen, indem der Einfluß der Sorten ausgeschaltet wird. Das Vorgehen kann mit der Berechnung der bereinigten Werte für die Verfahren in 52 verglichen werden. Dort hatten wir die Formel

$$Q = kT - B_t \, ,$$

hier lautet die Formel

$$C = T_b - rB \, , \tag{1}$$

Block		Wiederholung 1									B	C	μC
I	1	83	2	65	3	45	4	94	5	60	347	$+53$	$+6,4$
III	6	89	7	98	8	68	9	65	10	76	396	$+\ 9$	$+1,1$
IV	11	96	12	64	13	84	14	86	15	98	428	$-\ 1$	$-0,1$
II	16	68	17	83	18	68	19	85	20	54	358	$+34$	$+4,1$
V	21	78	22	101	23	85	24	77	25	101	442	-45	$-5,4$
											1971	$+50$	$+6,1$

		Wiederholung 2											
X	1	94	6	95	11	109	16	83	21	80	461	-47	$-5,7$
VII	2	80	7	92	12	67	17	74	22	70	383	$+28$	$+3,3$
VI	3	52	8	71	13	72	18	65	23	79	339	$+11$	$+1,3$
VIII	4	104	9	63	14	83	19	80	24	74	404	$+\ 3$	$+0,4$
IX	5	70	10	84	15	96	20	90	25	94	434	-45	$-5,4$
											2021	-50	$-6,1$

	Summe je Sorte (unbereinigt)									μC
1	177	2	145	3	97	4	198	5	130	$+6,4$
6	184	7	190	8	139	9	128	10	160	$+1,1$
11	205	12	131	13	156	14	169	15	194	$-0,1$
16	151	17	157	18	133	19	165	20	144	$+4,1$
21	158	22	171	23	164	24	151	25	195	$-5,4$
μC	$-5,7$		$+3,3$		$+1,3$		$+0,4$		$-5,4$	$\ldots$

	Summe je Sorte (bereinigt)									
1	177,7	2	154,7	3	104,7	4	204,8	5	131,0	
6	179,4	7	194,4	8	141,4	9	129,5	10	155,7	
11	199,2	12	134,2	13	157,2	14	169,3	15	188,5	
16	149,4	17	164,4	18	138,4	19	169,5	20	142,7	
21	146,9	22	168,9	23	159,9	24	146,0	25	184,2	

wobei T_b die Summe aller Erträge für jene Sorten bedeutet, die in einem bestimmten Block vorkommen. Für den Block I erhält man beispielsweise

$$T_b = 177 + 145 + 97 + 198 + 130 = 747$$
$$-rB = \cdot\ -2 \cdot 347 = -694$$
$$C = +\ 53$$

Als nächsten Schritt hat man eine Streuungszerlegung durchzuführen. Wie gewohnt beginnt man mit der Summe der Quadrate insgesamt:

$$SQ \text{ (insgesamt)} = 83^2 + 89^2 + \ldots + 74^2 + 94^2 - 3992^2/50 = 10\,102,72 \,.$$

Für die Summe der Quadrate zwischen den Sorten – ohne den Einfluß der Blöcke auszuschalten – hat man

$$SQ \text{ (zwischen Sorten)} = (177^2 + 145^2 + \ldots + 151^2 + 195^2)/2 - 3992^2/50$$
$$= 8\,215,720 \,.$$

Zwischen den beiden Wiederholungen hat man

$$SQ \text{ (zwischen Wiederholungen)} = (2021 - 1971)^2/50 = 50,000 \,.$$

Endlich hat man noch die Summe der Quadrate zwischen den Blöcken – bereinigt vom Einfluß der Sorten – zu ermitteln, und zwar für die Summe der Quadrate zwischen den Blöcken innerhalb der Wiederholungen. Dies geschieht nach der Formel

$$[S(C^2)]/kr(r-1) - [S(R_C^2)]/k^2r(r-1) \,, \tag{2}$$

wobei R_C die Summe der C für jede Wiederholung bedeutet. Also wird

$$SQ \text{ (zwischen Blöcken, innerhalb Wiederholungen)} =$$
$$= (53^2 + 9^2 + \ldots + 3^2 + 45^2)/10 - (50^2 + 50^2)/50 = 1\,022,000 \,.$$

Damit ergibt sich die folgende Streuungszerlegung:

Streuung	Freiheitsgrad	Summe der Quadrate	Durchschnittsquadrat
Zwischen Wiederholungen . . .	1	50,000	. . .
Zw. Verfahren (unbereinigt) . .	24	8 215,720	. . .
Zw. Blöcken (bereinigt)	8	1 022,000	$127,750 = s_z^2$
Rest	16	815,000	$50,938 = s_i^2$
Insgesamt	49	10 102,720	. . .

Die beiden Streuungen s_z^2 und s_i^2 werden hier gemäß der Formel

$$\mu = \frac{s_z^2 - s_i^2}{k\,(r-1)\,s_z^2} \tag{3}$$

vereinigt. Man findet demnach für unser Beispiel

$$\mu = \frac{127{,}750 - 50{,}938}{5 \cdot 1 \cdot 127{,}750} = 0{,}120\,254$$

und damit die Größen μC, die zur Bereinigung der Summen für die einzelnen Sorten dienen. Am besten schreibt man die μC rechts und unten an der Tafel der unbereinigten Sortensummen hin, wie dies auf Seite 149 angegeben ist. Die bereinigten Summen für jede Sorte ergeben sich durch Addition der beiden entsprechenden μC-Werte zu den unbereinigten Summen. Also zum Beispiel für die Sorte 7:

$$190 + 1{,}1 + 3{,}3 = 194{,}4 \,.$$

Geordnet nach Erträgen, erhält man folgendes Bild für die Durchschnittserträge der 25 Sorten.

Bereinigte durchschnittliche Erträge je Parzelle (in 10 g)

3	52,4	8	70,7	2	77,4	22	84,4	25	92,1
9	64,8	20	71,4	10	77,8	14	84,6	15	94,2
5	65,5	24	73,0	13	78,6	19	84,8	7	97,2
12	67,1	21	73,4	23	80,0	1	88,8	11	99,6
18	69,2	16	74,7	17	82,2	6	89,7	4	102,4

Es bleibt noch anzugeben, wie der Unterschied zweier Sorten geprüft werden kann. Streng genommen sind zwei Formeln anzugeben, je nachdem ob die beiden Sorten im gleichen, oder in verschiedenen Blöcken liegen. Da die beiden Formeln nur zu wenig verschiedenen Ergebnissen führen, pflegt man mit einem gewogenen Durchschnitt aus beiden Formeln zu rechnen, wobei dann nicht mehr darauf geachtet werden muß, ob die beiden Sorten im gleichen Block vorkommen oder nicht. Der Vollständigkeit halber geben wir alle drei Formeln; sie lauten:

a) für zwei Sorten, die im gleichen Block vorkommen

$$t = \frac{\bar{x}' - \bar{x}''}{\sqrt{\dfrac{2}{r}\,[1 + (r - 1)\,\mu]\,s_i^2}} \; ; \tag{4a}$$

b) für zwei Sorten, die in verschiedenen Blöcken vorkommen

$$t = \frac{\bar{x}' - \bar{x}''}{\sqrt{\dfrac{2}{r}\,[1 + r\,\mu]\,s_i^2}} \; ; \tag{4b}$$

c) für zwei beliebige Sorten

$$t = \frac{\bar{x}' - \bar{x}''}{\sqrt{\dfrac{2}{r}\left[1 + \dfrac{rk}{k+1}\,u\right]s_i^2}} \; ; \tag{4c}$$

wobei in allen drei Formeln das t der Verteilung von t mit $n = (k-1)\,(rk-k-1)$ Freiheitsgraden entspricht.

Mit $r = 2$, $k = 5$, $\mu = 0,120254$ und $s_i^2 = 50,938$ erhält man für den Nenner in den drei Formeln

$$\text{a) } 7,554; \qquad \text{b) } 7,949; \qquad \text{c) } 7,820;$$

und, wenn wir in der Tafel I die Werte für $n = 16$ nachschlagen, so finden wir

$$t_{0,05} = 2,120 \; ; \qquad t_{0,01} = 2,921$$

und damit als die kleinsten, eben noch gesicherten Unterschiede zwischen zwei bereinigten Sortendurchschnitten

	mit $P = 0,05$	mit $P = 0,01$
a)	16,02	22,07
b)	16,85	23,22
c)	16,58	22,84

6 MATHEMATISCHE ANMERKUNGEN

Die in diesen Anmerkungen zusammengefaßten mathematischen Ableitungen sollen die Ausführungen in den vorangehenden Abschnitten ergänzen. Es liegt mir weniger daran, eine vollständige Begründung der benützten Verfahren zu bieten, was im Rahmen dieses Buches viel zu weit geführt hätte, als vielmehr in möglichst einfacher Form einige mathematische Hinweise zu liefern. Eine sehr gründliche, mathematisch anspruchsvollere theoretische Begründung findet sich bei KEMPTHORNE.

61 Wirkung der zufälligen Zuordnung

In den Abschnitten 022 und 22 sind einige der Gründe angegeben, weshalb die Versuchseinheiten den verschiedenen Verfahren zufällig zuzuteilen sind. Hier sei noch an einem einfachen, schematischen Beispiel erläutert, wie sich die zufällige Zuordnung auswirkt.

Denken wir uns 20 Versuchseinheiten, auf die zwei Verfahren A und B anzuwenden seien. Um die Wirkung der zufälligen Zuordnung kennenzulernen, wollen wir uns einen Blindversuch denken, d. h. die beiden Verfahren A und B wirken in gleicher Weise, sie unterscheiden sich nicht wesentlich. Die zwanzig Einheiten mögen nun bezüglich eines Merkmals y in zwei Gruppen von je 10 Einheiten zerfallen. Nehmen wir an, die Gruppe I enthalte 10 Einheiten, für die y den Wert —1 annehme, und die Gruppe II enthalte 10 Einheiten, für die y gleich +1 sei. Der Einfachheit wegen sei weiter vorausgesetzt, daß die beiden fiktiven Verfahren den Wert von y überhaupt nicht beeinflussen.

Was geschieht nun, wenn wir aus den 20 Versuchseinheiten je 10 den (fiktiven) Verfahren A und B zufällig zuordnen? Betrachten wir etwa den Fall, daß die Einheiten aus den Gruppen I und II den beiden Verfahren wie folgt zugeteilt werden:

Verfahren	Einheiten		Zusammen
	aus I	aus II	
A	3	7	10
B	7	3	10
Zusammen	10	10	20

In diesem Falle wird y für das Verfahren A im Durchschnitt den Wert

$$\frac{3\,(-1) + 7\,(+1)}{10} = +0{,}4$$

annehmen; für das Verfahren B den Wert —0,4. Somit wird der Unterschied der beiden Verfahren für y den Wert

$$A - B = +0,4 - (-0,4) = +0,8$$

ergeben. Da die beiden Verfahren keine Wirkung ausüben, stellt der Wert $+0,8$ den Fehler dar, der sich daraus ergibt, daß die Versuchseinheiten untereinander verschieden sind und bei der Zuteilung auf die Verfahren gerade in der oben angegebenen Weise ausgewählt wurden.

Mit welcher Wahrscheinlichkeit wird sich bei zufälliger Zuteilung gerade der oben angegebene Fall einstellen? Um diese Wahrscheinlichkeit zu berechnen, bestimmen wir zunächst die Zahl der Möglichkeiten, aus allen 20 Einheiten 10 verschiedene auszuwählen. Sie beträgt bekanntlich

$$\binom{20}{10} = \frac{20!}{10!\,10!} = \frac{20 \cdot 19 \cdot \ldots 11}{1 \cdot 2 \cdot \ldots 10} = 184756 \,.$$

Als zweites ist zu ermitteln, wie oft aus den 10 Einheiten der Gruppe I 3, und aus den 10 Einheiten der Gruppe II deren 7 ausgewählt werden können. Hierfür findet man

$$\binom{10}{3} \binom{10}{7} = (10 \cdot 9 \cdot 8/1.\ 2.\ 3)^2 = 120^2 = 14400 \,.$$

Die Wahrscheinlichkeit, gerade die oben angegebene Zuteilung zu erhalten, ist demnach 14400/184756.

In entsprechender Weise berechnet man die Wahrscheinlichkeit für alle übrigen möglichen Zuteilungen.

Einheiten aus Gruppe I unter Verfahren A	Unterschied $A - B$	Wahr-scheinlichkeit
0	+2,0	1/184756
1	+1,6	100/184756
2	+1,2	2025/184756
3	+0,8	14400/184756
4	+0,4	44100/184756
5	0,0	63504/184576
6	—0,4	44100/184756
7	—0,8	14400/184756
8	—1,2	2025/184756
9	—1,6	100/184756
10	—2,0	1/184756
Summe		184756/184756 = 1

In etwa einem Drittel der Fälle wird die zufällige Zuteilung beiden Verfahren je 5 Einheiten aus beiden Gruppen zuteilen; der Fehler wird in diesen Fällen verschwinden. Die ganz einseitige Zuteilung aller Einheiten der einen Gruppe zu einem der Verfahren kommt nur in 2 von 184756 Fällen, also sehr selten, vor.

Auch in diesem absichtlich extrem gewählten Beispiel bewirkt demnach die zufällige Zuteilung, daß starke einseitige Fehler verhältnismäßig selten auftreten. So wenig wie irgend eine andere Art der Zuordnung kann die zufällige Zuteilung einseitig wirkende Fehler vollkommen ausschalten; sie sichert dagegen die Versuche gegen häufiges Auftreten derartiger Einflüsse.

Wichtig ist überdies, daß die zufällige Zuteilung in der gleichen Weise *jede* mögliche störende Ursache auszugleichen vermag, was kein anderes Zuteilungsprinzip leistet.

62 Orthogonale Vergleiche

Die in 16 erörterten und auch in weiteren Abschnitten benützten Eigenschaften der orthogonalen Vergleiche können im einfachsten Falle – in welchem zwischen drei Werten zwei orthogonale Vergleiche möglich sind – unschwer mit geometrischen Hilfsmitteln begründet werden.

Im kartesischen Raum von drei Dimensionen stellen die drei Einzelwerte x_1, x_2, x_3 die Komponenten eines Vektors $\overrightarrow{OP}$ dar. Die Summe der Quadrate

$$(x_1 - \bar{x})^2 + (x_2 - \bar{x})^2 + (x_3 - \bar{x})^2 \tag{1}$$

läßt sich geometrisch wie folgt deuten. Sie ist nichts anderes als das Quadrat des Abstandes zwischen den Punkten $P(x_1, x_2, x_3)$ und $Q(\bar{x}, \bar{x}, \bar{x})$. Die Strecke PQ liegt in einer Ebene, die alle Koordinatenachsen in gleichem Abstand vom Ursprung schneidet.

Es ist zu beweisen, daß sich (1) in zwei Teile zerlegen läßt, nämlich

$$V_1^2/(k_1^2 + k_2^2 + k_3^2) = (k_1 x_1 + k_2 x_2 + k_3 x_3)^2/(k_1^2 + k_2^2 + k_3^2) \,, \tag{2a}$$

$$V_2^2/(l_1^2 + l_2^2 + l_3^2) = (l_1 x_1 + l_2 x_2 + l_3 x_3)^2/(l_1^2 + l_2^2 + l_3^2) \tag{2b}$$

wenn die Beziehungen

$$k_1 + k_2 + k_3 = 0 \tag{3a}$$

$$l_1 + l_2 + l_3 = 0 \tag{3b}$$

$$l_1 k_1 + l_2 k_2 + l_3 k_3 = 0 \tag{3c}$$

gelten.

Aus (3a) folgt, daß der Vektor mit den Komponenten

$$k_1/\sqrt{k_1^2 + k_2^2 + k_3^2}\,, \qquad k_2/\sqrt{k_1^2 + k_2^2 + k_3^2}\,, \qquad k_3/\sqrt{k_1^2 + k_2^2 + k_3^2} \tag{4a}$$

orthogonal zum Vektor (1, 1, 1) steht, also in einer Ebene liegt, die durch den Ursprung geht und parallel liegt zu jener oben erwähnten Ebene, die PQ enthält. Der Vektor mit den Komponenten (4a) ist überdies ein Einheitsvektor.

Entsprechend handelt es sich beim Vektor mit den Komponenten

$$l_1/\sqrt{l_1^2 + l_2^2 + l_3^2}\,, \qquad l_2/\sqrt{l_1^2 + l_2^2 + l_3^2}\,, \qquad l_3/\sqrt{l_1^2 + l_2^2 + l_3^2} \qquad (4\,\text{b})$$

um einen in derselben Ebene liegenden Einheitsvektor. Die beiden Vektoren (4a) und (4b) sind wegen der Bedingung (3c) orthogonal.

Das Skalarprodukt

$$(k_1 x_1 + k_2 x_2 + k_3 x_3)/\sqrt{k_1^2 + k_2^2 + k_3^2} \qquad (5\,\text{a})$$

stellt die Länge eines Vektors dar, der erhalten wird durch Projektion des Vektors $\overrightarrow{PQ}$ auf die Gerade, die den Vektor (4a) trägt. Das Skalarprodukt

$$(l_1 x_1 + l_2 x_2 + l_3 x_3)/\sqrt{l_1^2 + l_2^2 + l_3^2} \qquad (5\,\text{b})$$

stellt die Länge eines Vektors dar, der erhalten wird durch Projektion des Vektors $\overrightarrow{PQ}$ auf die Gerade durch den Ursprung, die den Vektor (4b) trägt.

Da die Ebene, welche die beiden Vektoren (4a) und (4b) enthält parallel zu PQ ist, folgt unmittelbar, daß

$$V_1^2/(k_1^2 + k_2^2 + k_3^2) + V_2^2/(l_1^2 + l_2^2 + l_3^2) = (x_1 - \bar{x})^2 + (x_2 - \bar{x})^2 + (x_3 - \bar{x})^2, \qquad (6)$$

was zu beweisen war.

Die gleiche Überlegung läßt sich auf den allgemeinen Fall von N Werten übertragen, zwischen denen $N - 1$ orthogonale Vergleiche möglich sind.

63 Streuungszerlegung

Für die einfache, wie auch für die mehrfache Streuungszerlegung sind die mathematischen Grundlagen in verschiedenen Werken dargestellt, erwähnt seien beispielsweise jene von COCHRAN und COX, von KEMPTHORNE und von LINDER.

Im folgenden geben wir im Anschluß an eine Arbeit von K. R. NAIR die Formeln für die doppelte Streuungszerlegung für den allgemeinen Fall, in welchem in den einzelnen Fächern der Tafel mit doppeltem Eingang ungleiche Anzahlen von beobachteten Werten vorliegen. Als Sonderfälle kann man daraus die Formeln ableiten für: a) die doppelte Streuungszerlegung für Blöcke mit zufälliger Anordnung, b) die Formeln für ausgewogene Versuche in unvollständigen Blöcken, c) die Formeln für teilweise ausgewogene Versuche in unvollständigen Blöcken, d) die Formeln für Versuche nach a), b) und c) mit fehlenden Angaben.

Versuche in lateinischen Quadraten fallen nicht in das Schema, welches wir im folgenden besprechen; ebensowenig Versuche, für die eine drei- oder mehrfache Streuungszerlegung nötig ist. Da aber der größere Teil der in den vorangehenden Kapiteln erörterten Versuche durch die doppelte Streuungszerlegung in ihrer allgemeinen Form erfaßt wird, beschränken wir uns hier auf diese.

631 Doppelte Streuungszerlegung im allgemeinen

Die Versuchsergebnisse, die mittels der doppelten Streuungszerlegung auszuwerten sind, bringt man, wie wir gesehen haben, stets in die Form einer Tafel mit zwei Eingängen. Dementsprechend werden wir im allgemeinen ausgehen von einer Anordnung der Ergebnisse eines Versuches nach Zeilen und Spalten. Die Bezeichnungen wählen wir ähnlich wie im Abschnitt 12, müssen sie indessen erweitern, weil im allgemeinen Fall in jedem Fach verschieden viele Werte vorkommen können.

Zunächst bezeichnen wir die *Anzahlen* der beobachteten Werte entsprechend dem folgenden Schema:

Zeile	Spalte					Summe
	1	2	... k	...	s	
1	N_{11}	N_{12}	... N_{1k}	...	N_{1s}	$N_{1.}$
2	N_{21}	N_{22}	... N_{2k}	...	N_{2s}	$N_{2.}$
...	...	...	... ...	...	...	...
j	N_{j1}	N_{j2}	... N_{jk}	...	N_{js}	$N_{j.}$
...	...	...	... ...	...	...	...
z	N_{z1}	N_{z2}	... N_{zk}	...	N_{zs}	$N_{z.}$
Summe	$N_{.1}$	$N_{.2}$	... $N_{.k}$	...	$N_{.s}$	N

Die Summe der N_{jk} Werte y sei T_{jk}, die Summe der $N_{j.}$ Werte $T_{j.}$, die Summe der $N_{.k}$ Werte $T_{.k}$ und die Gesamtsumme aller N beobachteten Werte des Versuches T.

Endlich bezeichnen wir auch die Durchschnittswerte in gleicher Weise; also

Zeile	Spalte					Durchschnitt
	1	2	... k	...	s	
1	$\bar{y}_{11}$	$\bar{y}_{12}$	... $\bar{y}_{1k}$	...	$\bar{y}_{1s}$	$\bar{y}_{1.}$
2	$\bar{y}_{21}$	$\bar{y}_{22}$	... $\bar{y}_{2k}$	...	$\bar{y}_{2s}$	$\bar{y}_{2.}$
...	...	...	... ...	...	...	...
j	$\bar{y}_{j1}$	$\bar{y}_{j2}$	... $\bar{y}_{jk}$	...	$\bar{y}_{js}$	$\bar{y}_{j.}$
...	...	...	... ...	...	...	...
z	$\bar{y}_{z1}$	$\bar{y}_{z2}$	... $\bar{y}_{zk}$	...	$\bar{y}_{zs}$	$\bar{y}_{z.}$
Durchschnitt	$\bar{y}_{.1}$	$\bar{y}_{.2}$	... $\bar{y}_{.k}$	...	$\bar{y}_{.s}$	$\bar{y}$

Nennen wir den i. Wert in der j. Zeile und k. Spalte y_{jki}, so sind die T durch folgende Beziehungen gegeben:

$$\left. \begin{array}{ll} T_{jk} = \underset{i}{S} y_{jki} \; ; & T_{j.} = \underset{k}{S} T_{jk} \; ; \\[2mm] T_{.k} = \underset{j}{S} T_{jk} \; ; & T \;\; = \underset{j}{S} T_{j.} = \underset{k}{S} T_{.k} \, . \end{array} \right\} \tag{1}$$

Für die Durchschnitte gelten die Formeln

$$\left. \begin{array}{ll} \overline{y}_{jk} = T_{jk}/N_{jk} \; ; & \overline{y}_{j.} = T_{j.}/N_{j.} \; ; \\[2mm] \overline{y}_{.k} = T_{.k}/N_{.k} \; ; & \overline{y} = T/N \, . \end{array} \right\} \tag{2}$$

Wir setzen nun voraus, den Beobachtungen liege ein Schema zugrunde, das für den Wert y_{jki} wie folgt aussieht:

$$y_{jki} = \mu + \alpha_j + \beta_k + \varepsilon_{jki} \, . \tag{3}$$

Das will besagen, daß jeder Wert in der j. Zeile, in welcher Spalte er sich auch befinde, einen festen Betrag α_j erhält; jeder Wert in der k. Spalte erhält einen festen Betrag β_k, in welcher Zeile er sich auch befinde. Dazu kommt für jeden beobachteten Wert ein fester Betrag μ. Schließlich wirken auf jede Beobachtung noch zufällige Ursachen in der Weise, daß ε_{jki} normal verteilt ist mit dem Durchschnitt 0 und der Streuung σ^2. Die einzelnen ε_{jki} seien zudem voneinander stochastisch unabhängig.

Wir wollen weiter annehmen, es seien

$$\underset{j}{S} \, \alpha_j = 0 \; ; \qquad \underset{k}{S} \, \beta_k = 0 \; ; \tag{4}$$

die α_j und β_k geben also die Abweichungen der Zeilen- und der Spaltenwirkungen vom allgemeinen Ausgangswert μ an.

Die Aufgabe besteht nun einerseits darin, Schätzungen der Parameter μ, α_j und β_k der Grundgesamtheit zu finden, und anderseits die dazu gehörenden Quadratsummen zu ermitteln.

Die besten Schätzungen ergeben sich, wenn man den Ausdruck

$$\underset{j\ k\ i}{SSS}(y_{jki} - \mu - \alpha_j - \beta_k)^2 \tag{5}$$

zu einem Minimum macht, und dabei die Gleichungen (4) berücksichtigt. Oder aber, indem man die Lagrangeschen Multiplikatoren benützt, indem man

$$\underset{j\ k\ i}{SSS}(y_{jki} - \mu - \alpha_j - \beta_k)^2 + \lambda_1(\underset{j}{S}\alpha_j) + \lambda_2(\underset{k}{S}\beta_k) \tag{6}$$

zu einem Minimum macht.

Leiten wir (6) nacheinander nach μ, nach α_j, nach β_k, nach λ_1 und nach λ_2 ab, und bezeichnen wir die Schätzungen der Parameter mit lateinischen Buchstaben, so wird

$$m N \;\;+ \underset{j}{S}(a_j N_{j.}) + \underset{k}{S}(b_k N_{.k}) \qquad\qquad = T \tag{7a}$$

$$m N_{j.} + \quad a_j N_{j.} \;\;+ \underset{k}{S}(b_k N_{jk}) + \lambda_1/2 = T_{j.} \qquad (j = 1, 2, \ldots z) \tag{7b}$$

$$m N_{k.} + \underset{j}{S}(a_j N_{jk}) + \quad b_k N_{.k} \;\;+ \lambda_2/2 = T_{.k} \qquad (k = 1, 2, \ldots s) \tag{7c}$$

$$a_1 + a_2 + \ldots + a_z = 0 \tag{7d}$$

$$b_1 + b_2 + \ldots + b_s = 0 \tag{7e}$$

Summiert man (7b) über j und (7c) über k, und vergleicht das Ergebnis mit (7a), so findet man sofort

$$\lambda_1 = \lambda_2 = 0 \,. \tag{8}$$

Um weiterzukommen, benützt man an dieser Stelle mit Vorteil die Beziehung zwischen der Streuungszerlegung und der mehrfachen Regression. Aus der Korrelationstheorie führen wir hier die nötigen Formeln ohne Beweis an.

Es seien x_1, x_2, $\ldots x_j$, $\ldots x_p$,,unabhängige Variabeln'' und y eine ,,abhängige'' Variable. Von jeder dieser Variabeln werden N Beobachtungen gemacht, so daß man über Werte

$$\begin{matrix}
x_{11}, x_{12}, & \cdots & x_{1i}, & \cdots & x_{1N} \\
\cdots\cdots & & & & \\
x_{j1}, x_{j2}, & \cdots & x_{ji}, & \cdots & x_{jN} \\
\cdots\cdots & & & & \\
x_{p1}, x_{p2}, & \cdots & x_{pi}, & \cdots & x_{pN} \\
y_1, y_2, & \cdots & y_i, & \cdots & y_N
\end{matrix}$$

verfügt.

Zwischen der abhängigen und den unabhängigen Variabeln gelte die Regressionsgleichung

$$Y = \beta_0 + \beta_1 x_1 + \beta_2 x_2 + \ldots + \beta_j x_j + \ldots + \beta_p x_p \tag{9}$$

und für jeden festen Wertesatz der unabhängigen Variabeln sei die abhängige Variable y normal verteilt mit einer Standardabweichung σ, die für alle Werte der unabhängigen Variabeln gleich bleibt.

Aus den N Beobachtungen erhält man für die Regressionskoeffizienten β_j Schätzungen, die mit b_j bezeichnet seien, indem man

$$\underset{i}{S}(y - \beta_0 - \beta_1 x_1 - \ldots - \beta_j x_j - \ldots - \beta_p x_p)^2 \tag{10}$$

zum Minimum macht. Es ergeben sich folgende Gleichungen für die b_j:

$$
\left.
\begin{aligned}
b_0 N \quad\; + b_1 S(x_1) \quad + \ldots + b_p S(x_p) &= S(y) \\
b_0 S(x_1) + b_1 S(x_1^2) \quad + \ldots + b_p S(x_1 x_p) &= S(x_1 y) \\
\cdots\cdots\cdots\cdots \\
b_0 S(x_p) + b_1 S(x_p x_1) + \ldots + b_p S(x_p^2) \quad &= S(x_p y)
\end{aligned}
\right\} \tag{11a}
$$

wobei die Summen über i gehen und von 1 bis N laufen.

Führen wir eine Pseudovariable x_0 ein, die für jedes i den Wert 1 hat, so lassen sich die Gleichungen (11a) auch in der Form schreiben:

$$
\left.
\begin{aligned}
b_0 S(x_0^2) \quad + b_1 S(x_0 x_1) + \ldots + b_p S(x_0 x_p) &= S(x_0 y) \\
b_0 S(x_1 x_0) + b_1 S(x_1^2) \quad + \ldots + b_p S(x_1 x_p) &= S(x_1 y) \\
\cdots\cdots\cdots\cdots \\
b_0 S(x_p x_0) + b_1 S(x_p x_1) + \ldots + b_p S(x_p^2) \quad &= S(x_p y)
\end{aligned}
\right\} \tag{11b}
$$

Die Summe der Quadrate, die auf die Werte b_0, b_1, $\ldots b_p$ in ihrer Gesamtheit entfällt, lautet

$$
\underset{i}{S}(b_0 x_0 + b_1 x_1 + \ldots + b_p x_p)^2
$$

oder, wie man durch einfache Umformung bei Beachtung von (11b) findet:

$$
b_0 S(y) + b_1 S(x_1 y) + b_2 S(x_2 y) + \ldots + b_p S(x_p y) \, . \tag{12}
$$

Der Ausdruck (12) stellt die Summe der Quadrate bezüglich der *Gesamtheit* aller b_0, b_1, $\ldots b_p$ dar; sie läßt sich nicht derart aufteilen, daß der Anteil bestimmt werden könnte, der auf *einzelne* der b_j entfällt. Will man beispielsweise prüfen, ob die Gesamtheit der Koeffizienten b_{m+1}, b_{m+2}, $\ldots b_p$ von Bedeutung ist, so geht man wie folgt vor. Man berechnet die Regressionsgleichung zwischen y und x_1, x_2, $\ldots x_m$. Es seien b_0^*, b_1^*, $\ldots b_m^*$ die entsprechenden Regressionskoeffizienten; man berechnet sie aus den Gleichungen

$$
\left.
\begin{aligned}
b_0^* S(x_0^2) \quad + b_1^* S(x_0 x_1) + \ldots + b_m^* S(x_0 x_m) &= S(x_0 y) \\
b_0^* S(x_1 x_0) + b_1^* S(x_1^2) \quad + \ldots + b_m^* S(x_1 x_m) &= S(x_1 y) \\
\cdots\cdots\cdots\cdots \\
b_0^* S(x_m x_0) + b_1^* S(x_m x_1) + \ldots + b_m^* S(x_m^2) \quad &= S(x_m y)
\end{aligned}
\right\} \tag{13}
$$

die den Gleichungen (11b) entsprechen. Die Summe der Quadrate, die den b_0^*, $b_1^* \ldots b_m^*$ entspricht, erhält man als

$$
b_0^* S(y) + b_1^* S(x_1 y) + \ldots + b_m^* S(x_m y) \, . \tag{14}
$$

Die Summe der Quadrate, die der Gesamtheit der b_{m+1}, b_{m+2}, ... b_p entspricht, ist dann nichts anderes als die Differenz zwischen (12) und (14).

Kehren wir nun zu unserer ursprünglichen Aufgabe zurück. Die Streuungszerlegung kann wie folgt mit der Regression in Beziehung gesetzt werden. Wir fanden die Schätzungen der $z + s + 1$ Größen μ, a_j ($j = 1, 2, \ldots z$), β_k ($k = 1, 2, \ldots s$) durch die Gleichungen (7a), (7b) und (7c), wobei die Beziehungen (7d) und (7e) zu beachten sind.

Die μ, a_j, β_k können wir als Regressionskoeffizienten auffassen, wenn wir $z + s + 1$ Pseudovariable x_0, x_1, ... x_{z+s} einführen. Im einzelnen sollen diese Pseudovariablen die folgenden Werte annehmen:

$$
\begin{aligned}
x_0 \quad &: = 1 \quad \text{für alle Fächer der Tafel mit doppeltem Eingang;} \\
x_1 \quad &: = 1 \quad \text{für alle Fächer der Zeile 1,} \\
&= 0 \quad \text{für alle übrigen Fächer;} \\
x_2 \quad &: = 1 \quad \text{für alle Fächer der Zeile 2,} \\
&= 0 \quad \text{für alle übrigen Fächer;} \\
&\cdots\cdots\cdots \\
x_z \quad &: = 1 \quad \text{für alle Fächer der Zeile } z, \\
&= 0 \quad \text{für alle übrigen Fächer;} \\
x_{z+1} &: = 1 \quad \text{für alle Fächer der Spalte 1,} \\
&= 0 \quad \text{für alle übrigen Fächer;} \\
&\cdots\cdots\cdots \\
x_{z+s} &: = 1 \quad \text{für alle Fächer der Spalte } s, \\
&= 0 \quad \text{für alle übrigen Fächer.}
\end{aligned}
$$

Bezeichnen wir mit S die Summe über alle N Werte der Tafel mit doppeltem Eingang, so folgt aus den vorangehenden Festsetzungen

$$
\left.
\begin{aligned}
S(x_0^2) = N \; ; &\qquad S(x_0 x_j) = N_{j.} \; ; \\
S(x_0 x_{z+k}) = N_{.k} \; ; &\qquad S(x_j x_{z+k}) = N_{jk} \; ,
\end{aligned}
\right\} \tag{15a}
$$

dagegen beispielsweise

$$
S(x_1 x_j) = 0 \; ; \qquad S(x_z x_{z+k}) = 0 \; ; \tag{15b}
$$

und schließlich noch

$$
S(x_0 y_{jki}) = T \; ; \quad S(x_j y_{jki}) = T_{j.} \; ; \quad S(x_{z+k} y_{jki}) = T_{.k} \; . \tag{15c}
$$

Auf Grund der Gleichungen (15) läßt sich unschwer feststellen, daß die folgenden Gleichungen (16) den Beziehungen (7a), (7b) und (7c) vollständig entsprechen.

$$
\begin{aligned}
m\,S(x_0^2) \;+\; a_1 S(x_0 x_1) + \ldots + b_1 S(x_0 x_{z+1}) + \ldots + b_s S(x_0 x_{z+s}) &= S(x_0 y) \\
m\,S(x_1 x_0) + a_1 S(x_1^2) \;+\; \ldots + b_1 S(x_1 x_{z+1}) + \ldots + b_s S(x_1 x_{z+s}) &= S(x_1 y) \\
\cdots\cdots\cdots\cdots\cdots\cdots\cdots & \\
m\,S(x_{z+1} x_0) + a_1 S(x_{z+1} x_1) + \ldots + b_1 S(x_{z+1}^2) + \ldots + b_s S(x_{z+1} x_{z+s}) & \\
&= S(x_{z+1} y) \\
\cdots\cdots\cdots\cdots\cdots\cdots & \\
m\,S(x_{z+s} x_0) + a_1 S(x_{z+s} x_1) + \ldots + b_1 S(x_{z+s} x_{z+1}) + \ldots + b_s S(x_{z+s}^2) & \\
&= S(x_{z+s} y)
\end{aligned}
\qquad (16)
$$

Andererseits stimmen nun diese Gleichungen (16) vollkommen mit (11 b) überein; demnach kann die Summe der Quadrate, die der Gesamtheit der Schätzungen m, a_j und b_k zugeordnet ist, als

$$
mT + \underset{j}{S}(a_j T_{j.}) + \underset{k}{S}(b_k T_{.k})
\qquad (17)
$$

geschrieben werden. Ersetzt man in (17) die b_k auf Grund von (7 c), so findet man

$$
\underset{j}{S}\big(a_j\{T_{j.} - \underset{k}{S}(N_{jk}\,\bar{y}_{.k})\}\big) + \underset{k}{S}(T_{.k}\,\bar{y}_{.k}) \;;
\qquad (17\,\text{a})
$$

ersetzt man dagegen in (17) die a_j aus (7 b), so wird

$$
\underset{k}{S}\big(b_k\{T_{.k} - \underset{j}{S}(N_{jk}\,\bar{y}_{j.})\}\big) + \underset{j}{S}(T_{j.}\,\bar{y}_{j.}) \;.
\qquad (17\,\text{b})
$$

Diese Summe der Quadrate hat $s + z - 1$ Freiheitsgrade; die m, a_j und b_k sind $s + z + 1$ an der Zahl, zwischen den a und b bestehen indessen die beiden linearen Beziehungen (7 d) und (7 e).

Nachdem wir die zu den m, a_j, b_k gehörige Summe der Quadrate gefunden haben, handelt es sich nun noch darum, die Summe der Quadrate zu bestimmen, die der Gesamtheit der a_j einerseits und der Gesamtheit der b_k anderseits entspricht.

Wenden wir uns zunächst der zu den a_j gehörenden Summe der Quadrate zu. Um diese zu finden, hat man von der Hypothese auszugehen, daß

$$
y_{jki} = \mu + \beta_k + \varepsilon_{jki}
\qquad (18\,\text{a})
$$

mit

$$
\underset{k}{S}\,\beta_k = 0
\qquad (19\,\text{a})
$$

und die zugehörigen Schätzungen m^*, b_1^*, b_2^*, $\ldots\, b_s^*$ zu berechnen. Aus der Bedingung

$$
S(y_{jki} - \mu - \beta_k)^2 = \text{Minimum}
$$

mit der Nebenbedingung (19a) erhält man

$$\left.\begin{aligned}
m^*N \;\; + b_1^*N_{.1} + b_2^*N_{.2} + \ldots + b_s^*N_{.s} &= T\\
m^*N_{.1} + b_1^*N_{.1} &= T_{.1}\\
m^*N_{.2} \;\;\;\;\;\;\;\; + b_2^*N_{.2} &= T_{.2}\\
\cdots\cdots\cdots\cdots\cdots\cdots\\
m^*N_{.s} \;\;\;\;\;\;\;\;\;\;\;\;\;\;\;\; + b_s^*N_{.s} &= T_{.s}\\
b_1^* + b_2^* + \ldots + b_s^* &= 0
\end{aligned}\right\} \qquad (20)$$

Da

$$b_k^* = \bar{y}_{.k} - m^*$$

und weil die Summe der Quadrate betreffend die Gesamtheit der m^*, b_k^* gleich

$$m^*T + b_1^*T_{.1} + b_2^*T_{.2} + \ldots + b_s^*T_{.s}$$

oder also gleich

$$m^*T + (\bar{y}_{.1} - m^*)T_{.1} + \ldots + (\bar{y}_{.s} - m^*)T_{.s}$$

erhält man schließlich

$$\underset{k}{S}(T_{.k}\bar{y}_{.k}) . \qquad (21a)$$

Diese Summe der Quadrate hat genau s Freiheitsgrade.

Demnach findet man für die Summe der Quadrate für die $a_1, a_2, \ldots a_z$ den Unterschied von (17a) und (21a), das heißt

$$\underset{j}{S}\left(a_j\left\{T_{j.} - \underset{k}{S}(N_{jk}\bar{y}_{.k})\right\}\right) , \qquad (22a)$$

was man auch kurzerhand als

$$\underset{j}{S}(a_j Q_{j.}) \qquad (23a)$$

schreibt, wobei also

$$Q_{j.} = T_{j.} - \underset{k}{S}(N_{jk}\bar{y}_{.k}) . \qquad (24a)$$

Die Summe der Quadrate (22a) stellt das richtige Maß für die Bedeutung der Koeffizienten $a_1, a_2, \ldots a_z$ dar; sie hat $(s + z - 1) - s$ oder $z - 1$ Freiheitsgrade.

In entsprechender Weise findet man, daß der Hypothese

$$y_{jki} = \mu + a_j + \varepsilon_{jki} \qquad (18b)$$

11**

mit der Bedingung

$$\underset{j}{S} a_j = 0 \tag{19b}$$

Schätzungen der μ und a_j entsprechen, für die sich die Summe der Quadrate auf

$$\underset{j}{S}(T_{j.}\,\bar{y}_{j.}) \tag{21b}$$

beläuft mit z Freiheitsgraden. Somit lautet die Summe der Quadrate bezüglich $b_1, b_2, \ldots b_s$

$$\underset{k}{S} b_k (T_{.k} - \underset{j}{S}(N_{jk}\,\bar{y}_{j.})) \tag{22b}$$

oder auch

$$\underset{k}{S} b_k Q_{.k}\,, \tag{23b}$$

wenn

$$Q_{.k} = T_{.k} - \underset{j}{S}(N_{jk}\,\bar{y}_{j.}) \tag{24b}$$

gesetzt wird.

Wie leicht nachzuprüfen ist, hat man

$$\underset{j}{S} Q_{j.} = 0\,; \qquad \underset{k}{S} Q_{.k} = 0\,, \tag{25}$$

und infolgedessen können für die Berechnung der Summe der Quadrate nach (23a) oder (23b) statt der a_j und b_k zum Beispiel die Werte $(\bar{y} + a_j)$ und $(\bar{y} + b_k)$ verwendet werden; oder es können irgendwelche Konstanten zu den a_j und b_k hinzugefügt oder von ihnen abgezogen werden.

Die $Q_{j.}$ und $Q_{.k}$ können in anderer Form geschrieben werden, nämlich als

$$Q_{j.} = \underset{k}{S} N_{jk}(\bar{y}_{jk} - \bar{y}_{.k}) \tag{26a}$$

und

$$Q_{.k} = \underset{j}{S} N_{jk}(\bar{y}_{jk} - \bar{y}_{j.})\,. \tag{26b}$$

In dieser Form ist die Bedeutung der $Q_{j.}$ und der $Q_{.k}$ leicht zu erschließen. So bedeutet die Formel (26a), daß die Werte in der j. Zeile bereinigt werden, indem für jedes Fach die Abweichung vom entsprechenden Spaltendurchschnitt ermittelt wird. Die $Q_{j.}$ sind also Summen von y-Werten in der j. Zeile, in denen der Einfluß der einzelnen Spalten ausgeschaltet wurde. Entsprechend sind die $Q_{.k}$ Summen von y-Werten der k. Spalte, in denen der Einfluß der einzelnen Zeilen ausgeschaltet wurde.

632 Versuche in vollständigen Blöcken

Die Methoden, die zur Auswertung gewöhnlicher Versuche in Blöcken mit zufälliger Anordnung benützt werden, sind im Abschnitt 12 dargestellt. Sie folgen ohne weiteres aus den im vorangehenden Abschnitt abgeleiteten Formeln.

Im Fall von Versuchen in Blöcken mit zufälliger Anordnung hat man

$$N_{jk} = 1, \qquad N_{j.} = s, \qquad N_{.k} = z, \qquad N = sz \tag{1}$$

und daher lassen sich die Gleichungen (7) von 631 in folgender Form schreiben:

$$msz + s\,(a_1 + \ldots + a_z) + z\,(b_1 + \ldots + b_s) = T \tag{2a}$$

$$\left.\begin{array}{l} ms + s\,a_1 \qquad\qquad + b_1 + \ldots + b_s = T_{1.} \\ \cdots\cdots\cdots\cdots\cdots \\ ms \qquad\qquad + sa_z + b_1 + \ldots + b_s = T_{z.} \end{array}\right\} \tag{2b}$$

$$\left.\begin{array}{l} mz + a_1 + \ldots + a_z \qquad + z\,b_1 \qquad\qquad = T_{.1} \\ \cdots\cdots\cdots\cdots\cdots \\ mz + a_1 + \ldots + a_z \qquad\qquad\qquad + zb_s = T_{.s} \end{array}\right\} \tag{2c}$$

$$a_1 + a_2 + \ldots + a_z = o \ ; \quad b_1 + b_2 + \ldots + b_s = o \tag{2d}$$

Zunächst ergibt sich aus (2a) unter Berücksichtigung von (2d), daß

$$m = T \,/\, (sz) = \bar{y} \,. \tag{3a}$$

Sodann folgt aus (2b) und (2c) ohne weiteres

$$a_j = T_{j.} \,/\, s - m = \bar{y}_{j.} - \bar{y} \ ; \tag{3b}$$

$$b_k = T_{.k} \,/\, z - m = \bar{y}_{.k} - \bar{y} \,. \tag{3c}$$

Für die Summe der Quadrate, die der Gesamtheit der m, a_j und b_k entspricht, hat man nach (17) von 631

$$mT + \underset{j}{S}\,(a_j\,T_{j.}) + \underset{k}{S}\,(b_k\,T_{.k})$$

$$= mT + \underset{j}{S}\,(T_{j.}\,/\,s - m)\,T_{j.} + \underset{k}{S}\,(T_{.k}\,/\,z - m)\,T_{k.}$$

$$= mT + \frac{1}{s}\,\underset{j}{S}\,(T_{j.}^2) - m\,\underset{j}{S}\,(T_{j.}) + \frac{1}{z}\,\underset{k}{S}\,(T_{.k}^2) - m\,\underset{k}{S}\,(T_{.k})$$

$$= \frac{1}{s}\,\underset{j}{S}\,(T_{j.}^2) + \frac{1}{z}\,\underset{k}{S}\,(T_{.k}^2) - T^2\,/\,sz \tag{4}$$

Nach den Formeln (24) von 631 findet man für die Q:

$$Q_{j.} = T_{j.} - T\,/\,z \ ; \quad Q_{.k} = T_{.k} - T\,/\,s \ ; \tag{5}$$

und damit für die Summe der Quadrate betreffend die a_j:

$$\underset{j}{S}\,(a_j\,Q_{j.}) = \underset{j}{S}\,(T_{j.}\,/\,s - m)\,(T_{j.} - T\,/\,z)$$

$$= \frac{1}{s}\,\underset{j}{S}\,(T_{j.}^2) - T^2\,/\,sz\,, \tag{6a}$$

sowie entsprechend für die b_k

$$\underset{k}{S}\,(b_k\,Q_{.k}) = \frac{1}{z}\,\underset{k}{S}\,(T_{.k}^2) - T^2\,/\,sz\,. \tag{6b}$$

Die Formeln (5) und (6) bilden die Grundlage der Streuungszerlegung, wie sie in 12 dargestellt ist.

632.1 Fehlender Wert

Wenn in einem Versuch in Blöcken mit zufälliger Anordnung ein Wert ausfällt, hat man diesen fehlenden Wert aus den übrigen Beobachtungswerten zu schätzen. Wir werden zeigen, daß die in 631 entwickelte Theorie zu demselben Ergebnis führt wie das Verfahren, welches im Abschnitt 14 benützt wurde.

Nehmen wir an, der fehlende Wert sei derjenige im letzten Fach der letzten Zeile. Demnach ist

$$N_{sz} = o,\quad N_{z.} = s - 1,\quad N_{.s} = z - 1, \tag{1a}$$

während für alle übrigen Werte von j und k

$$N_{jk} = 1,\quad N_{j.} = s,\quad N_{.k} = z\,. \tag{1b}$$

Schließlich ist auch

$$N = sz - 1\,. \tag{1c}$$

Die Gleichungen (7) von 631 lauten unter diesen Voraussetzungen folgendermaßen:

$$m\,(sz-1) + a_1 s + \ldots + a_{s-1} s + a_s\,(s-1) + b_1 z + \ldots + b_{s-1}\,z + b_s\,(z-1) = T \tag{2a}$$

$$\left.\begin{aligned}
m\,s \quad\quad + a_1 s \quad\quad\quad\quad\quad\quad\quad\quad + b_1\ + \ldots + b_{s-1} + b_s \quad\quad &= T_{1.}\\
\ldots\ldots\ldots\ldots\ldots\ldots\ldots\ldots\ldots\ldots\ldots\quad\quad\quad\quad\quad\quad\quad\quad\quad & \\
m\,(s-1) \quad\quad\quad\quad\quad\quad + a_s\,(s-1) + b_1\ + \ldots + b_{s-1} \quad\quad &= T_{s.}
\end{aligned}\right\} \tag{2b}$$

$$\left.\begin{aligned}
m\,z \quad\quad + a_1\ + \ldots + a_{s-1} + a_s \quad\quad + b_1 z \quad\quad\quad\quad\quad\quad &= T_{.1}\\
\ldots\ldots\ldots\ldots\ldots\ldots\ldots\ldots\ldots\ldots\quad\quad\quad\quad\quad\quad\quad\quad\quad & \\
m\,(z-1) + a_1\ + \ldots + a_{s-1} \quad\quad\quad\quad\quad\quad\quad\quad + b_s\,(z-1) &= T_{.s}
\end{aligned}\right\} \tag{2c}$$

$$a_1 + a_2 + \ldots + a_z = 0\,;\quad b_1 + b_2 + \ldots + b_s = 0\,. \tag{2d}$$

Daraus entnimmt man

$$
\left.
\begin{aligned}
a_1 &= T_{1.}/s - m \\
&\cdots\cdots\cdots \\
a_{z-1} &= T_{z1}/s - m \\
a_z &= (T_{z.} + b_s)/(s-1) - m
\end{aligned}
\right\}
\tag{3a}
$$

$$
\left.
\begin{aligned}
b_1 &= T_{.1}/z - m \\
&\cdots\cdots\cdots \\
b_{s-1} &= T_{.s-1}/z - m \\
b_s &= (T_{.s} + a_z)/(z-1) - m
\end{aligned}
\right\}
\tag{3b}
$$

und aus diesen durch Addition mit Rücksicht auf (2d)

$$
a_z = s\,(z-1)\,m - [(z-1)\,T + T_{.s}]/z\,;
\tag{4a}
$$

$$
b_s = z\,(s-1)\,m - [(s-1)\,T + T_{z.}]/s\,.
\tag{4b}
$$

Aus (2a) und (2d) folgt:

$$
m\,(sz-1) - a_z - b_s = T\,,
\tag{5}
$$

und durch Einsetzen von a_z und b_s aus (4)

$$
m = \frac{(sz-s-z)\,T + s\,T_{.s} + z\,T_{z.}}{(s-1)\,(z-1)\,sz}\,.
\tag{6}
$$

Der zu schätzende Wert x ist nach unseren Voraussetzungen gleich

$$
x = m + a_z + b_s\,.
\tag{7}
$$

Aus (5) kann man $a_z + b_s$ in (7) ersetzen und hat

$$
x = m + m\,(sz-1) - T = szm - T\,,
$$

oder, wenn man m aus (6) benützt:

$$
x = \frac{s\,T_{.s} + z\,T_{z.} - T}{(s-1)\,(z-1)}\,,
\tag{8}
$$

was nichts anderes als die Formel (3) von 14 ist.

633 Ausgewogene Versuche in unvollständigen Blöcken

Die Formeln zur Streuungszerlegung, die in 52 angegeben sind, lassen sich unschwer herleiten. Im folgenden Schema sind die Bezeichnungen jenen im Abschnitt 52 angeglichen. Die Blöcke entsprechen den Spalten, die Verfahren den Zeilen. Schematisch sieht die Tafel mit doppeltem Eingang folgendermaßen aus.

Verfahren (Zeile)		Block (Spalte)					
	1	2	....	k	...	b	
1							r
2		k	k				r
.....							...
j							r
.....							...
t							r
	k	k	....	k	...	k	bk

Jeder Block enthält k Versuchseinheiten, jedes Verfahren kommt im ganzen $r$mal vor. Der Buchstabe k tritt hier in zwei Bedeutungen auf, einmal in der soeben erwähnten und sodann auch als Bezeichnung für einen beliebigen unter den insgesamt b Blöcken; bei einiger Aufmerksamkeit dürfte daraus keine besondere Schwierigkeit entstehen. Im ganzen sind

$$N = b \cdot k = t \cdot r \tag{1a}$$

Versuchseinheiten vorhanden. Man hat demnach

$$N_{j.} = r, \qquad N_{.k} = k, \tag{1b}$$

und für die Gleichungen (7) von 631 ergibt sich

$$r t m + r \underset{j}{S}(a_j) \qquad + k \underset{k}{S}(b_k) \quad = T \tag{2a}$$

$$r m + \quad r\, a_j + \underset{k}{S}(N_{jk}\, b_k) \qquad = T_{j.} \tag{2b}$$

$$k m + \underset{j}{S}(N_{jk} a_j) \qquad + k b_k \quad = T_{.k} \tag{2c}$$

$$\underset{j}{S}(a_j) = o ; \qquad \underset{k}{S}(b_k) = o . \tag{2d}$$

Aus diesen Gleichungen findet man die a_j und darnach die Summe der Quadrate für die Gesamtheit der a_j. Als erstes multipliziert man (2c) mit N_{jk} und summiert über die Spalten. Die N_{jk} sind gleich 1 oder gleich 0, jenachdem das Verfahren j im Block k vorkommt oder nicht. Man erhält

$$km \underset{k}{S} (N_{jk}) + \underset{k}{S} (N_{jk} (\underset{j}{S} N_{jk}\, a_j)) + k \underset{k}{S} (N_{jk} b_k) = \underset{k}{S} (N_{jk} T_{.k}) \qquad (3)$$

Multipliziert man (2b) mit k (k ist hier die Zahl der Versuchseinheiten je Block!) und subtrahiert davon (3), so fallen die Glieder weg, welche die b_k enthalten. Zu beachten ist auch, daß $\underset{k}{S} N_{jk} = N_{j.} = r$; somit wird

$$kr a_j - \underset{k}{S} N_{jk} (\underset{j}{S} N_{jk} a_j) = k T_{j.} - \underset{k}{S} N_{jk} T_{.k} \, . \qquad (4)$$

Der Ausdruck

$$\underset{k}{S} N_{jk} (\underset{j}{S} N_{jk} a_j) \qquad (5)$$

läßt sich vereinfachen, wenn man berücksichtigt, daß wir es mit einem ausgewogenen Versuch zu tun haben, wobei also jedes Verfahren mit jedem andern gleich oft zusammen in einem Block vorkommt. Der Ausdruck (5) bedeutet die Summe aller a, die sich in jenen Blöcken befinden, in denen das Verfahren j vorkommt. In der runden Klammer geht die Summe über alle Einheiten des k. Blockes und die Summe über k geht über alle jene Blöcke, in denen das j. Verfahren vorhanden ist; in den übrigen Blöcken ist $N_{jk} = o$. Das Verfahren j kommt in r Blöcken vor. Die übrigen $t - 1$ Verfahren finden sich also $r (k - 1)$ mal in diesen r Blöcken. Jedes der übrigen $t - 1$ Verfahren kommt also

$$r (k - 1) / (t - 1) \qquad (6)$$

mal vor. Die Summe (5) enthält also jedes a genau $r (k - 1) / (t - 1)$ mal und, da das a_j im ganzen r mal in diesen Blöcken vorkommt, besteht (5) überdies aus

$$r - r (k - 1) / (t - 1) = r (t - k) / (t - 1) \qquad (7)$$

Gliedern, in denen a_j vorkommt. Da $\underset{j}{S} a_j = o$, bleibt für (5) einfach

$$r (t - k)\, a_j / (t - 1) \, , \qquad (8)$$

und somit findet man für (4):

$$a_j [r k - r (t - k) / (t - 1)] = k T_{j.} - \underset{k}{S} N_{jk} T_{.k} \qquad (9)$$

oder, da nach (24a) von 631 die rechte Seite von (9) gleich $k Q_{j.}$ ist, wird

$$a_j = \frac{k (t - 1)}{r t (k - 1)} Q_{j.} \, . \qquad (10)$$

Andererseits haben wir für $\underset{k}{S} N_{jk} T_{.k}$, d. h. für die Summe der Totale jener

Blöcke, in denen das Verfahren j (oder t) vorkommt, B_j geschrieben (oder B_t). Damit wird die Beziehung hergestellt zur Formel für die Summe der Quadrate für die Verfahren, bereinigt vom Einfluß der Blöcke (Formel (3) von 52). Dafür erhalten wir aus (10) mit Rücksicht auf die allgemein gültige Formel (23a) von 631:

$$S_j (a_j Q_{j.}) = \frac{k \, (t-1)}{r \, t \, (k-1)} \, S_j (Q_{j.}^2) \, . \tag{11}$$

Dabei ist lediglich zu beachten, daß nach der Definition in 52 die dort angegebenen Größen Q das k-fache der in (11) benützten Werte $Q_{j.}$ betragen.

7 LITERATUR

Allgemeine Werke

BLISS, C. I., *The statistics of bioassay* (Academic Press Inc., New York, 1952).

BROWNLEE, K. A., *Industrial experimentation* (His Majesty's Stationery Office, London. 4th ed. 1949).

COCHRAN, WILLIAM G., and COX, GERTRUDE M., *Experimental designs* (John Wiley & Sons, New York, 1950).

FINNEY, D. J., *Statistical method in biological assay* (Charles Griffin & Co., London, 1952).

FISHER, RONALD A., *Statistical methods for research workers* (Oliver and Boyd, Edinburgh, 11th ed., 1950).

FISHER, RONALD A., *The design of experiments* (Oliver and Boyd, Edinburgh, 5th ed., 1949).

FISHER, RONALD A., and F. YATES, *Statistical tables for biological, agricultural and medical research* (Oliver and Boyd, Edinburgh, 3rd ed., 1948).

GOULDEN, C. H., *Methods of statistical analysis* (John Wiley & Sons, New York, 2nd ed. 1952).

KEMPTHORNE, OSCAR, *The design and analysis of experiments* (John Wiley & Sons, New York, 1952).

LINDER, ARTHUR, *Statistische Methoden für Naturwissenschafter, Mediziner und Ingenieure* (Birkhäuser, Basel, 2. Aufl. 1951).

MANN, H. B., *Analysis and design of experiments* (Dover Publications, New York, 1949).

PATERSON, D. D., *Statistical techniques in agricultural research* (Mc Graw-Hill, New York, 1939).

QUENOUILLE, M. H., *The design and analysis of experiment* (Charles Griffin & Co., London, 1953).

WISHART, J., *Field trials: their layout and statistical analysis* (Imperial Bureau of Plant Breeding and Genetics, Cambridge, 1940).

YATES, F., *The design and analysis of factorial experiments* (Imperial Bureau of Soil Science, Techn. Comm. No. 35, 1937).

Übrige Literatur

BARTLETT, M. S., *Some examples of statistical methods of research in agriculture and applied biology.* Journ. Roy. Statist. Soc., Suppl. *4*, 137–183 (1937).

BOSE, R. C., and NAIR, K. R., *Partially balanced incomplete block designs.* Sankhya, Indian J. Statist. *4*, 337–372 (1939).

Bose, R. C., and T. Shinamoto, *Classification and analysis of partially balanced incomplete block designs with two associate classes*. J. Amer. Statist. Assoc. *47*, 151–184 (1952).

Cochran, W. G., *The analysis of lattice and triple lattice experiments in corn varietel tests*. II. Mathematical theory (Iowa Agr. Exp. Station Res. Bull. *281*, 1940).

Cornish, E. A., *The estimation of missing values in incomplete randomized block experiments*. Ann. Eugenics *10*, 112–118 (1940).

Davies, O. L., and W. A. Hay, *The construction and uses of fractional factorial designs in industrial research*. Biometrics *6*, 223–249 (1950).

Emrich, P., *Weitere Erfahrungen mit Honigkuren*. Schweiz. Bienenztg. *12*, 1–5, (1932).

Finney, D. J., *The fractional replication of factorial experiments*. Ann. Eugenics *12*, 291–301 (1945).

Kempthorne, O., *A simple approach to confounding and fractional replication in factorial experiments*. Biometrika *34*, 255–272 (1947).

Mahalanobis, P. C., *Recent experiments in statistical sampling in the Indian Statistical Institute*. Journ. Roy. Statist. Soc., *109*, 325–378 (1946).

Nair, K. R., *A note on the „Method of fitting constants" for analysis of non-orthogonal data arranged in a double classification*. Sankhya, Indian J. Statist. *5*, 317–328 (1941).

Nair, K. R., *Analysis of partially balanced incomplete block designs illustrated on the simple square and rectangular lattices*. Biometrics 8, 122–152 (1952).

Petitpierre, Cl., et B. Volet., *Le rôle des acides aminés dans l'amélioration de la valeur alimentaire des farines de froment*. Helv. Physiol. Acta. *8*, 169–179 (1950).

Rao, C. R., *On the linear combination of observations and the general theory of least squares*. Sankhya, Indian J. Statist. *7*, 237–256 (1946).

Rao, C. R., *General methods of analysis for incomplete block designs*. Journ. Americ. Statist. Assoc. *42*, 541–561 (1947).

Schild, H. O., *A method of conducting a biological assay on a preparation giving repeated graded responses, illustrated by the estimation of histamine*. Journ. Physiol., *10*, 115–130 (1942).

Yates, F., *Complex experiments*. Journ. Roy. Statist. Soc. Suppl. *2*, 181–247 (1935).

Yates, F., *A new method of arranging variety trials involving a large number of varieties*. Jour. Agr. Sci. *26*, 424–455 (1936).

Yates, F., *Incomplete randomized blocks*. Ann. Eugenics *7*, 121–140 (1936).

Yates, F., *A further note on the arrangement of variety trials: quasi-latin squares*. Ann. Eugenics *7*, 319–332 (1937).

Yates, F., and R. W. Hale, *Analysis of latin squares when two or more rows, columns, or treatments are missing*. Journ. Roy. Statist. Soc., Suppl. *6*, 67–69 (1939).

Yates, F., *The recovery of inter-block information in variety trials arranged in three-dimensional lattices*. Ann. Eugenics *9*, 136–156 (1939).

Yates, F., *The recovery of inter-block information in balanced incomplete block designs*. Ann. Eugenics *10*, 317–325 (1940).

Zehnder, J., Weber, A., et A. Linder, *Etude du rendement des scies par les méthodes statistiques*. Ann. Inst. féd. recherches forestières *XXVII*, 1–18 (1951).

8 TAFELN

I Verteilung von χ^2 und von t

Freiheits-grad n	Verteilung von χ^2		Verteilung von t		Freiheits-grad n
	$P = 0{,}05$	$P = 0{,}01$	$P = 0{,}05$	$P = 0{,}01$	
1	3,841	6,635	12,706	63,657	1
2	5,991	9,210	4,303	9,925	2
3	7,815	11,345	3,182	5,841	3
4	9,488	13,277	2,776	4,604	4
5	11,070	15,086	2,571	4,032	5
6	12,592	16,812	2,447	3,707	6
7	14,067	18,475	2,365	3,499	7
8	15,507	20,090	2,306	3,355	8
9	16,919	21,666	2,262	3,250	9
10	18,307	23,209	2,228	3,169	10
11	19,675	24,725	2,201	3,106	11
12	21,026	26,217	2,179	3,055	12
13	22,362	27,688	2,160	3,012	13
14	23,685	29,141	2,145	2,977	14
15	24,996	30,578	2,131	2,947	15
16	26,296	32,000	2,120	2,921	16
17	27,587	33,409	2,110	2,898	17
18	28,869	34,805	2,101	2,878	18
19	30,144	36,191	2,093	2,861	19
20	31,410	37,566	2,086	2,845	20
21	32,671	38,932	2,080	2,831	21
22	33,924	40,289	2,074	2,819	22
23	35,172	41,638	2,069	2,807	23
24	36,415	42,980	2,064	2,797	24
25	37,652	44,314	2,060	2,787	25
26	38,885	45,642	2,056	2,779	26
27	40,113	46,963	2,052	2,771	27
28	41,337	48,278	2,048	2,763	28
29	42,557	49,588	2,045	2,756	29
30	43,773	50,892	2,042	2,750	30

n_2	$n_1 = 1$	$n_1 = 2$	$n_1 = 3$	$n_1 = 4$	$n_1 = 5$	$n_1 = 6$	$n_1 = 8$	$n_1 = 12$	$n_1 = 24$	$n_1 = \infty$	n_2
1	161,45	199,50	215,72	224,57	230,17	233,97	238,89	243,91	249,04	254,32	1
2	18,512	18,999	19,163	19,248	19,298	19,329	19,371	19,414	19,453	19,496	2
3	10,129	9,552	9,276	9,118	9,014	8,941	8,844	8,744	8,638	8,527	3
4	7,710	6,945	6,591	6,388	6,257	6,164	6,041	5,912	5,774	5,628	4
5	6,607	5,786	5,410	5,192	5,050	4,950	4,818	4,678	4,527	4,365	5
6	5,987	5,143	4,756	4,534	4,388	4,284	4,147	4,000	3,841	3,669	6
7	5,591	4,737	4,347	4,121	3,972	3,866	3,725	3,574	3,410	3,230	7
8	5,317	4,459	4,067	3,838	3,688	3,580	3,438	3,284	3,116	2,928	8
9	5,117	4,256	3,863	3,633	3,482	3,374	3,230	3,073	2,900	2,707	9
10	4,965	4,103	3,708	3,478	3,326	3,217	3,072	2,913	2,737	2,538	10
11	4,844	3,982	3,587	3,357	3,204	3,094	2,948	2,788	2,609	2,405	11
12	4,747	3,885	3,490	3,259	3,106	2,999	2,848	2,686	2,505	2,296	12
13	4,667	3,805	3,410	3,179	3,025	2,915	2,767	2,604	2,420	2,207	13
14	4,600	3,739	3,344	3,112	2,958	2,848	2,699	2,534	2,349	2,131	14
15	4,543	3,683	3,287	3,056	2,901	2,790	2,641	2,475	2,288	2,066	15
16	4,494	3,634	3,239	3,007	2,853	2,741	2,591	2,424	2,235	2,010	16
17	4,451	3,592	3,197	2,965	2,810	2,699	2,548	2,381	2,190	1,961	17
18	4,414	3,555	3,160	2,928	2,773	2,661	2,510	2,342	2,150	1,917	18
19	4,381	3,522	3,127	2,895	2,740	2,629	2,477	2,308	2,114	1,878	19
20	4,351	3,493	3,098	2,866	2,711	2,599	2,447	2,278	2,083	1,843	20
21	4,325	3,467	3,072	2,840	2,685	2,573	2,421	2,250	2,054	1,812	21
22	4,301	3,443	3,049	2,817	2,661	2,549	2,397	2,226	2,028	1,783	22
23	4,279	3,422	3,028	2,795	2,640	2,528	2,375	2,203	2,005	1,757	23
24	4,260	3,403	3,009	2,777	2,621	2,508	2,355	2,183	1,984	1,733	24
25	4,242	3,385	2,991	2,759	2,603	2,490	2,337	2,165	1,965	1,711	25
26	4,225	3,369	2,975	2,743	2,587	2,474	2,321	2,148	1,947	1,691	26
27	4,210	3,354	2,961	2,728	2,572	2,459	2,305	2,132	1,930	1,672	27
28	4,196	3,340	2,947	2,714	2,558	2,445	2,292	2,118	1,915	1,654	28
29	4,183	3,328	2,934	2,702	2,545	2,432	2,278	2,104	1,901	1,638	29
30	4,171	3,316	2,922	2,690	2,534	2,421	2,266	2,092	1,887	1,622	30
40	4,085	3,232	2,839	2,606	2,449	2,336	2,180	2,004	1,793	1,509	40
60	4,001	3,151	2,758	2,525	2,368	2,254	2,097	1,918	1,700	1,389	60
120	3,946	3,072	2,680	2,447	2,290	2,175	2,016	1,834	1,608	1,254	120
∞	3,841	2,996	2,605	2,372	2,214	2,098	1,938	1,752	1,517	1,000	∞

n_2	$n_1 = 1$	$n_1 = 2$	$n_1 = 3$	$n_1 = 4$	$n_1 = 5$	$n_1 = 6$	$n_1 = 8$	$n_1 = 12$	$n_1 = 24$	$n_1 = \infty$	n_2
1	4052,1	4999,0	5403,5	5625,1	5764,1	5859,4	5981,4	6105,8	6234,2	6366,5	1
2	98,495	99,008	99,167	99,247	99,305	99,325	99,365	99,425	99,464	99,504	2
3	34,117	30,815	29,459	28,709	28,236	27,910	27,489	27,053	26,597	2ö,122	3
4	21,200	18,001	16,693	15,978	15,521	15,208	14,800	14,374	13,930	13,464	4
5	16,258	13,274	12,059	11,391	10,966	10,672	10,266	9,888	9,467	9,019	5
6	13,744	10,924	9,779	9,149	8,746	8,465	8,101	7,718	7,313	6,880	6
7	12,246	9,546	8,452	7,846	7,460	7,191	6,840	6,469	6,074	5,650	7
8	11,259	8,649	7,591	7,006	6,631	6,371	6,029	5,667	5,279	4,859	8
9	10,561	8,022	6,992	6,423	6,057	5,802	5,467	5,111	4,730	4,311	9
10	10,044	7,560	6,552	5,994	5,636	5,386	5,057	4,706	4,327	3,909	10
11	9,647	7,205	6,217	5,668	5,317	5,069	4,745	4,397	4,021	3,602	11
12	9,330	6,927	5,953	5,412	5,064	4,820	4,500	4,156	3,780	3,361	12
13	9,074	6,701	5,740	5,205	4,862	4,620	4,302	3,961	3,586	3,165	13
14	8,862	6,514	5,563	5,035	4,695	4,456	4,140	3,800	3,427	3,005	14
15	8,683	6,359	5,417	4,893	4,556	4,318	4,004	3,668	3,294	2,869	15
16	8,532	6,227	5,292	4,772	4,437	4,201	3,889	3,553	3,181	2,753	16
17	8,400	6,112	5,185	4,669	4,336	4,102	3,791	3,455	3,083	2,653	17
18	8,285	6,013	5,092	4,579	4,248	4,015	3,706	3,370	2,999	2,566	18
19	8,184	5,926	5,010	4,501	4,170	3,939	3,631	3,296	2,925	2,489	19
20	8,096	5,849	4,938	4,431	4,103	3,871	3,565	3,231	2,859	2,421	20
21	8,017	5,780	4,875	4,368	4,042	3,811	3,506	3,173	2,801	2,360	21
22	7,944	5,719	4,816	4,314	3,988	3,759	3,453	3,121	2,749	2,305	22
23	7,881	5,663	4,765	4,264	3,939	3,710	3,406	3,074	2,702	2,256	23
24	7,823	5,614	4,718	4,218	3,895	3,666	3,363	3,031	2,659	2,210	24
25	7,770	5,568	4,676	4,177	3,855	3,627	3,324	2,993	2,620	2,169	25
26	7,722	5,527	4,637	4,140	3,818	3,591	3,288	2,958	2,585	2,132	26
27	7,677	5,488	4,601	4,106	3,785	3,558	3,256	2,925	2,551	2,096	27
28	7,636	5,453	4,568	4,074	3,754	3,528	3,226	2,896	2,522	2,064	28
29	7,597	5,421	4,538	4,045	3,726	3,499	3,198	2,869	2,494	2,034	29
30	7,563	5,390	4,510	4,018	3,699	3,474	3,173	2,843	2,469	2,006	30
40	7,314	5,179	4,312	3,828	3,513	3,291	2,993	2,665	2,287	1,805	40
60	7,077	4,978	4,126	3,649	3,339	3,119	2,823	2,496	2,115	1,601	60
120	6,851	4,786	3,949	3,479	3,173	2,956	2.663	2,336	1,950	1,380	120
∞	6,635	4,605	3,782	3,320	3,017	2,802	2,511	2,182	1,791	1,000	∞

72137	83452	54419	28758	09999	32733	85019	88741	42983	32781
04254	51168	72845	78473	94873	50584	94768	06483	59059	30366
48083	83805	01828	27008	74227	81250	63272	60005	05870	39733
16602	59782	89871	14127	85057	89693	77081	05251	07069	81200
29910	09627	74883	99378	60273	47184	79373	77888	34655	84374
77708	20160	25493	43927	72642	89238	71684	46907	65522	32419
90715	04375	28278	16545	95603	12870	49139	13134	62540	91508
79666	67163	44834	66273	88115	38525	25607	52509	25413	38006
53294	49380	23329	62720	78035	76235	93835	85661	97908	37342
44422	56013	33176	78491	65337	76369	53110	98145	08319	18438
12601	46596	44597	68781	05623	65017	02957	92908	86645	79677
65664	52928	81456	60672	80269	24910	15570	94771	03774	89743
18363	09403	91503	59661	19603	23098	71088	22803	24937	34419
00491	30328	63651	01177	72525	72033	66728	13207	35515	50115
02878	78707	30709	87947	36608	94318	28410	68851	91917	92337
79920	73597	50664	48308	00718	43100	72927	41973	92711	39629
97556	07446	80089	03381	20667	42361	19958	36605	89487	24296
79435	47870	19293	72831	03902	12322	14158	37043	90166	05414
93903	84269	97754	21328	23190	09178	35508	62553	82161	86979
04758	52704	47923	87389	86280	90230	50581	81939	98456	51858
53841	19020	73850	92994	65493	93442	08316	35321	57720	89069
07626	19442	60099	41624	68939	17708	36976	10961	53124	40835
40645	39523	50731	28803	48113	16341	51895	57995	65480	87083
82666	01201	26772	50488	81320	94390	93409	92558	10186	25930
60147	51725	55480	26695	93005	58310	84903	79775	09119	64673
61557	91045	83761	50603	56247	11643	42684	86521	34875	25634
71522	54896	65115	15463	93841	68464	17290	89922	17369	25129
05366	92324	48119	48629	89816	49518	77848	82189	27003	85192
72668	88397	49761	42273	74767	08971	06366	55814	32621	54449
51497	52118	78305	02278	16108	83680	13461	20601	33235	27652
66170	37202	54432	51960	28074	91423	23595	91131	56574	22392
23361	71637	73669	66296	81110	52451	83299	25458	31407	13664
53608	35790	66515	50848	59589	70966	31212	22384	31308	18122
24079	99087	53688	72163	64109	02666	34402	68063	81091	68346
50495	89768	83197	57821	25869	20592	49108	47901	64908	65221
93550	83816	22780	94657	89487	20282	94663	83886	46459	98456
16269	00806	54260	66408	83750	09798	81224	12741	65159	85343
32868	65733	52143	55448	91304	55156	29140	12254	83451	82077
80722	60671	78220	35324	28401	19977	47433	33676	49481	98641
67362	45326	50961	71441	38366	09559	74876	72006	65679	61526

80647	36951	10789	96336	52148	61060	34265	30238	89358	54205
57642	95920	16564	52451	66895	30613	82534	22938	55992	17378
41467	08764	90000	79286	76685	08059	72055	89182	13175	87546
38394	86577	37320	10357	78459	68486	26999	16187	56748	85182
09779	79765	19302	58656	36959	45822	01628	21526	01860	40702
82711	60617	84761	95782	58785	47763	66322	42907	67384	62071
24926	71179	65536	06328	82514	94896	96239	21479	58404	15699
34921	09721	32114	22719	02181	47558	10497	90076	47685	49705
29900	60848	76606	86615	74459	73326	69712	93202	68107	13032
39701	62949	76918	19735	57330	17322	51375	46059	82599	92605
50515	18672	38034	51327	37141	80691	39960	32876	76893	48093
23699	54988	07478	94880	26784	19985	16135	58485	57385	09214
87756	35677	17790	98856	47391	63646	10870	93750	41684	09887
86104	52307	42140	73382	54728	04119	60261	04099	23114	24437
85252	30432	69392	55083	81934	32939	36880	36393	94833	18703
26378	61325	51147	51335	28250	00020	25601	26590	41740	33834
56996	11338	26090	47073	60239	85725	72802	33179	38870	34431
04314	58729	42231	09471	65727	58315	42234	54358	42580	52632
58996	56478	48553	62151	69750	11648	41771	08033	05125	42104
24268	37597	27691	40173	10215	10524	60733	21630	81500	09427
25254	89731	39713	03383	00973	16570	09111	57865	65728	46126
33584	65815	19101	04777	75047	11575	27222	01549	76335	13073
42604	29426	29834	16379	22346	08720	93548	22945	61146	27750
39152	21176	84119	28581	11895	94612	18960	17622	96294	03303
48242	31438	08718	99918	54669	30544	83719	17643	47335	07401
76713	12825	79266	77991	76421	34956	84563	26173	27390	95158
76143	95605	44062	77472	19838	94718	32257	97561	18521	48265
20346	45600	49838	70206	83770	18255	79261	92343	83617	70233
15905	62070	03796	67721	02131	97559	62026	94291	33438	25355
51223	16099	80769	53799	41000	72708	05018	78280	42451	72208
02925	59772	97477	02994	83739	41022	63390	31834	02489	98604
06365	94628	86413	78749	80992	70978	17792	49355	82797	18882
56559	34728	66396	49046	00236	19207	93272	50963	72107	20468
24819	09825	90576	78952	00052	50172	37514	65531	11207	48767
59595	79809	91124	78760	35106	43112	06370	75043	02564	27129
74402	27812	66010	50908	51327	64031	44983	80666	30038	94684
33632	39967	48177	39231	28447	92357	89494	36668	70630	69730
91599	62087	98550	42430	31534	79945	54430	78036	04905	52939
29385	45281	78675	30246	35996	48030	96999	96220	61398	91811
70498	03263	77817	17182	13988	80016	87947	60304	11765	00957

88049	89776	85306	72838	32391	43375	06089	22718	99964	13459
96531	21108	32066	38546	00055	45842	79496	75738	71671	54939
72193	82780	63314	38051	47338	82577	53131	49472	92039	32277
30953	20431	40287	28101	11566	31568	23035	23926	54214	62992
63252	17893	30925	70476	68639	98059	07436	20138	54227	93821
36183	73834	27146	64999	96994	64355	21527	43361	74149	52830
96490	67354	01674	73641	83110	51623	58939	56350	54336	95523
47408	39176	76730	67421	25318	44247	63903	16686	77038	72494
10739	85908	93941	30976	16304	32326	50646	22384	90708	78684
42376	76889	90475	29660	07351	62390	80657	39703	65154	86361
32401	53079	75652	82747	05407	97820	22562	51386	74420	52046
24358	31296	13238	46978	90102	81553	10104	55644	53319	92525
99099	11550	92189	19783	98251	09202	33345	06210	35810	37703
30304	73065	23355	12249	04770	82110	57057	34539	63265	17768
40325	96978	17326	58785	55130	18175	77321	69952	06308	88243
66861	78786	58103	69373	67850	50756	65283	71276	97914	96117
45531	87336	09683	95662	59892	12710	32784	50381	90790	20308
24355	83274	26655	97758	95597	44424	75032	26616	54199	67645
54127	98154	70471	72154	63309	24720	12405	20017	39490	00278
79352	09293	50599	25583	43636	85419	40751	72832	87573	07761
36619	77930	20557	04006	37114	10933	69076	50914	84076	50584
83228	59359	83936	42302	43098	49559	66780	78222	21054	94910
89573	07687	36077	89411	87302	39391	12240	16210	57879	24885
75428	02245	78267	30114	52435	38543	52527	58297	30380	92544
08322	79038	00232	53176	46148	44242	63329	07255	14799	33874
47654	17799	65869	73494	37012	11468	41635	91271	93579	03173
84099	02654	35454	41883	47274	52165	44278	98381	36222	37512
78475	31491	99542	45062	25043	83093	52586	12762	33862	54737
10649	14048	36087	58620	84434	66455	11959	52225	47857	13240
28127	10316	64899	68096	10341	30790	78020	68375	91046	83224
29200	02366	11994	72789	95680	97297	08325	06653	39359	48724
70532	53781	02915	93268	59865	87390	25774	92012	95616	05528
20288	34196	62895	61175	66781	82215	62453	48494	56717	18208
28745	01316	39202	48286	42505	35844	06534	82254	49473	51129
72864	90858	53252	62332	86452	53473	40869	09457	92228	68433
69680	54380	17820	65197	96936	73674	96025	80608	18169	30275
73784	44890	85245	16385	08770	83923	79682	60264	38073	43130
86605	94126	85822	22459	72687	08206	48338	88508	93544	09608
70866	34377	24804	61644	81538	86385	82181	66501	45037	19613
48061	32380	31942	70076	91260	74101	58578	93017	95846	89364

83628	12445	92291	17211	78185	72502	83620	24075	51122	03650
88481	80132	15403	24491	04163	12839	72662	73322	90789	73342
76092	39099	79506	40219	54261	90049	24830	07132	93975	77705
88922	76272	54099	32818	85448	86135	57573	03863	87353	75992
90786	78197	56715	64422	62204	15280	97557	38273	20359	00672
49295	20949	97911	94127	98193	28005	25102	44256	38010	70617
11055	43935	14883	40042	87597	28363	47817	62298	06003	26243
54488	14903	57431	67893	05344	36224	60027	20803	85630	68536
72447	96024	93617	50120	47283	57045	67614	28532	55604	35611
42921	95340	37858	20942	06434	33167	23825	04184	83917	09070
27477	38220	76069	93471	95585	22681	86115	93570	56413	53500
50435	82618	94935	03154	25923	96290	51156	43340	47831	13274
95974	07896	13973	43795	37921	94657	59886	66878	96315	17828
03669	95241	48580	06986	05468	11613	13960	62209	99251	95632
83810	53849	72332	30474	42231	02705	39954	76323	23425	49097
35695	72967	22753	47280	14821	26306	47906	67196	74587	25453
74650	87910	88108	11901	53609	08152	66444	15191	80254	89631
66190	10482	59223	01170	14730	93206	40177	64986	71318	21919
74157	68034	81103	32921	95629	41688	46747	41866	43155	09043
28087	80277	14158	89183	46570	77109	60888	91289	16779	50417
13468	59896	73935	47416	56575	48046	60268	48174	59151	43889
53603	78369	44933	67719	89151	57570	77673	20750	58360	18370
71664	23015	87730	42715	60638	97707	95020	02115	60045	00908
48928	55171	50436	60343	31497	51963	12545	42726	42492	22864
28598	58095	95246	48601	38424	29361	69319	61692	83918	11361
81386	19700	98354	85666	71313	67342	37600	69792	64733	66609
89196	12666	32951	36272	99673	37889	23190	16451	90287	33948
55399	66685	74321	38996	01786	89597	71633	95619	41702	69465
08450	72590	77804	58568	51549	17795	45445	27552	44370	57150
19582	30286	28545	70209	61657	81439	50229	85710	46031	15597
18783	87494	61364	13972	94867	89055	25547	02280	17196	20306
90155	32301	73814	85756	58972	20301	76556	86827	74037	94718
89852	70711	33534	74085	57905	21530	54989	71126	03051	55721
26451	36086	03281	84360	59386	08707	41631	36336	95736	29754
56778	37403	46392	26578	62502	57277	17073	85591	86726	38379
77989	00768	72641	53031	46046	71804	69029	76298	99501	65135
49474	82510	92126	89260	64709	30322	13258	32147	15979	68718
41327	44676	74060	34277	74533	21745	22642	92840	01081	49667
57482	28209	42246	98561	37642	33795	75818	72835	30655	96777
01556	28456	78323	92450	71740	64830	11623	56832	18689	61204

62551	97420	40909	96750	88460	22375	74515	86154	06275	19544
47116	57384	90586	67449	20537	99018	63918	87375	45941	92480
37096	23250	92035	19556	96907	91937	46616	30878	52169	90717
54307	47962	72620	29529	88992	13045	54664	25311	01361	46722
45137	20530	15203	05971	78680	31799	69344	62494	22765	92743
01480	93872	42504	57728	45486	70726	87520	46790	27914	12464
67912	91434	32456	59082	75829	76254	84477	04242	62152	91605
16238	78189	37970	35757	28575	13653	12707	49516	63531	93825
72387	40276	77261	17900	53680	83792	71604	74966	02980	87442
11035	45306	29448	64753	09996	04840	31460	05709	19799	49227
53815	24569	31712	10655	08406	44017	66299	57864	68198	71128
81430	12501	97397	11284	97027	82296	42006	57257	79852	88547
71770	78702	67437	76473	57662	03942	74318	88182	46810	71249
98297	43637	77409	74779	38634	71594	19080	50411	31998	99728
33192	91039	07293	47759	03656	80852	25376	84281	56074	78351
32532	27753	54879	77813	15486	96853	66875	23541	60398	51776
17457	83469	38375	17019	49167	48964	50065	19860	76813	47202
44833	57788	78039	35440	87791	64060	39886	46122	10545	56686
87258	41878	08667	48384	87355	11251	51745	92903	51828	09827
78400	45966	91185	82103	30136	37978	70906	18424	20296	71090
92668	36814	96122	23689	18741	11139	34049	96488	55211	20843
32932	78915	58973	65406	46115	05115	06126	22769	17046	79147
66981	81682	20505	39847	75518	24604	37411	69776	17817	14979
15094	08790	29170	21439	74169	87305	69756	65527	97968	80669
48577	96037	17539	61565	64912	92373	98734	64780	71964	31231
92522	58959	51557	72698	76799	39432	58338	35862	43340	28464
58033	36690	66404	86453	28675	94988	71060	75495	03559	20735
08059	18786	25374	28598	05673	49479	08455	25345	91191	98035
51222	98354	34001	85964	62643	55553	45747	66764	05691	08777
90452	44848	40171	64476	01922	99645	77753	69848	61553	77900
77817	45047	47479	26820	96238	52915	66984	37563	50962	86267
86786	39776	45597	94162	92197	49160	56919	28947	99213	73187
55657	60976	16092	13402	61709	08217	61757	90111	20992	92769
06260	78154	48100	60399	48146	96285	47463	52667	72417	50511
27092	54147	65127	13884	76788	18422	14735	42030	60187	58581
70563	48798	22644	69946	71903	50242	73835	18610	31598	92400
99608	80497	56298	76952	46747	17892	81559	64733	89540	76129
07978	21050	81146	08612	61030	26128	76192	62975	33050	54941
30432	48564	89384	93610	74544	85430	27209	34329	97527	58427
35724	37763	24190	25837	23485	61658	58254	85863	62841	65084

9 SACHREGISTER